华罗庚-吴文俊数学出版基金资助项目

中国科学院数学与系统科学研究院
中国科学院华罗庚数学重点实验室

数学所讲座 2013

席南华　主编

科 学 出 版 社
北　京

内 容 简 介

中国科学院数学研究所一批中青年学者发起组织了数学所讲座，介绍现代数学的重要内容及其思想、方法，旨在开阔视野，增进交流，提高数学修养.本书根据 2013 年 8 个讲座的讲稿整理而成，内容涉及微分方程和随机微分方程、变分原理、代数曲线的模空间、复动力系统、卡–丘空间的几何、Leech 格及相关的数学、宇宙学中的基本常数、等参函数和怪球面等.

本书可供数学专业的高年级本科生、研究生、教师和科研人员阅读参考，也可作为数学爱好者提高数学修养的学习读物.

图书在版编目(CIP)数据

数学所讲座 2013/席南华主编. —北京：科学出版社，2014.10

ISBN 978-7-03-042152-4

I. ①数… II. ①席… III. ①数学–普及读物 IV. ①O1-49

中国版本图书馆 CIP 数据核字(2014) 第 237631 号

责任编辑：赵彦超／责任校对：张怡君
责任印制：赵 博／封面设计：王 浩

科 学 出 版 社 出版
北京东黄城根北街 16 号
邮政编码：100717
http://www.sciencep.com
北京建宏印刷有限公司 印刷
科学出版社发行 各地新华书店经销
*
2015 年 1 月第 一 版 开本: 720 × 1000 1/16
2024 年 1 月第六次印刷 印张: 10 1/4
字数: 193 000

定价: 78.00 元

(如有印装质量问题，我社负责调换)

序

学术交流对促进研究工作、培养人才有着十分重要的作用, 尤其对以学者个人思维为主要研究方式的数学研究, 作用更显突出. 国际上, 学术水平很高、人才辈出的研究机构与大学, 也总是学术交流活动 (Seminar, Colloquium, Workshop) 十分活跃的地方.

国内现代科学的发展已有百年历史, 学术交流也伴随着产生和发展. 近三十多年改革开放的进程, 大大加速了学术交流与科学的发展. 从数学学科来说, 许多研究机构与大学涉及专门领域的讲座或专题讨论班(Seminar) 一般进行得比较好, 对参加者尤其是青年学者帮助较大, 从而参加者的积极性也比较高. 然而综合性的讨论班 (Colloquium) 情况就有显著的不同, 听众常常感到完全听不懂, 没有什么收获, 不感兴趣. 综合讨论班进行得不理想, 原因可能是多方面的, 例如, 从大学到研究生阶段, 基础就打得比较专门与单一；研究工作长期局限于自己的专业领域, 对其他方面缺少了解与兴趣；演讲人讲得过于专业, 没有深入浅出的本领；听讲人有实用主义的观点, 如果演讲内容与自己的研究工作没有联系, 报告对自己没有直接帮助, 就对演讲不感兴趣, 如此等等. 长期下去, 我们仅仅熟悉自己的研究领域, 对数学的全貌与日新月异的发展缺乏了解. 不同的领域之间, 相当隔膜, 甚至缺乏共同的语言.

这些情况, 与出高质量的研究成果和高水平人才的目标是难以符合的, 也难以形成国际上有吸引力与影响力的数学研究中心. 为此, 中国科学院数学研究所席南华院士与一批出色的中青年学者发起, 组织了数学所讲座, 正是一种适合我国当前情况的综合讨论班. 进行了近两年, 效果是很好的. 演讲人虽然都是各领域的专家, 却做了认真与精心的准备, 将该领域的主要思想、成果、方法, 用深入浅出、通俗易懂的方式介绍给大家. 听众从白发苍苍的老教授到许多中青年学者以及广大的博士后、研究生, 都十分踊跃参加, 普遍感到开拓了视野, 增进了交流, 使学术气氛更为浓郁.

现在, 演讲的学者花费了许多时间与精力, 将演讲正式整理成文, 由科学出版社出版, 这是对我国数学发展很有意义的工作. 认真阅读这些文章, 将使我们对数学的有关领域有扼要的了解, 对数学里的 “真” 与 “美” 有更多的感悟, 提高数学修养, 促进数学研究与人才培养工作.

杨　乐

2011 年 12 月 10 日

前　　言

“数学所讲座” 始于 2010 年, 宗旨是介绍现代数学的重要内容及其思想、方法和影响, 扩展科研人员和研究生的视野, 提高数学修养, 加强相互交流, 增强学术气氛. 那一年的 8 个报告整理成文后集成《数学所讲座 2010》, 杨乐先生作序, 于 2012 年由科学出版社出版发行. 2011 年和 2012 年数学所讲座的 16 个报告整理成文后集成《数学所讲座 2011—2012》, 于 2014 年由科学出版社出版发行. 两本文集均受到业内人士的欢迎. 这对报告人和编者都是很大的鼓励.

本书的文章系根据 2013 年数学所讲座的 8 个报告整理而成, 按报告的时间顺序编排. 如同前两本文集, 在整理过程中力求文章流畅易读, 平易近人, 取舍得当. 文章要求数学上准确, 但对严格性的追求适度, 不以牺牲易读性和流畅性为代价.

文章的选题, 也就是报告的主题, 有微分方程和随机微分方程、变分原理、代数曲线的模空间、复动力系统、卡 - 丘空间的几何、Leech 格及相关的数学、宇宙学中的基本常数、等参函数和怪球面等. 内容的选取反映了作者对数学和相关学科的认识和偏好, 但有一点是共同的, 它们都在主流中, 有其深刻性. 希望这些文章能对读者认识现代数学科学有所助益.

编　者

2014 年 9 月

目　　录

1 微分方程和随机微分方程

吉 敏

我的主要研究方向是偏微分方程, 重点研究与几何有关的方程. 最近几年的关注点是著名的 Forkker-Planck 方程. 这是一个抛物型方程, 有着深刻的物理背景, 和随机微分方程密切相关, 事实上它即来源于随机微分方程. 于是产生了今天的题目：微分方程和随机微分方程.

1.1 动机, 直观

所谓随机, 即指偶然性、不确定性. 在我们的生活中, 随机现象无时无处不在. 比如：我们周围的噪声、股市的行情、股票的价格等等, 都受各种偶然的、不确定因素的影响. 其实, 自然界中的一切现象都具有随机的特点. 就说现在正在进行的讲座, 虽然我事先准备了演示文稿 (PPT), 准备了演讲的言词, 但事实上这会儿讲出来的言词一定和准备的不一样, 一定带着不确定性和偶然性. 尽管如此, 尽管事物充满不确定性, 我们还是很希望了解, 在这些不确定背后是否有某种确定性? 是否有某种稳定的性质、某种规律?

简言之, 我们的问题是：随机现象的背后有无规律可循? 如果有, 在数学上应该如何描述? 考虑微分方程

$$\dot{x} = V(x), \quad x \in \Omega \subset \mathbb{R}^n,$$

其中 Ω 是欧氏空间 $\mathbb{R}^n$ 中的区域, $V : \Omega \to \mathbb{R}^n$ 是连续向量场. 这是一个确定型方程, 人们用它刻画这样的物理现象：某物体以速度 V 运动. 作为物体的运动轨迹, 其解 $x(t)$, $t \geqslant 0$ 是 $\mathbb{R}^n$ 中的**光滑**曲线.

然而, 实际情况并非如此. 在许多应用中, 人们从实验所观测到的运动轨迹, 却远不像上述确定性方程所描述的那样是一个光滑曲线, 它实际上是**不光滑**的. 这是因为现实世界中难免有各种随机因素, 例如噪声等因素的干扰. 因此, 为了更准确地描述客观世界, 有必要修改上述确定性方程, 把随机因素的影响考虑进去.

在上述方程的右端加上 "白噪声" 项, 即得如下随机微分方程 (stochastic differential equation)：

$$dX(t) = V(X(t))dt + G(X(t))\xi(t), \quad t > 0,$$

其中系数 $G(X(t))$ 是 $n \times m$ 矩阵, $\xi(\cdot)$ 表示 m 维的 "白噪声". 所谓 "白", 是指各向同性的意思, 也就是说每个方向的噪声干扰是相同的. 这里我们用大写的 X 强调其解是一个随机过程, 而不是 t 的光滑函数. 那么, 对这个方程自然有下列问题:

- 在数学上如何严格定义 "白噪声" $\xi(\cdot)$?
- 作为一个随机过程, "$X(\cdot)$ 是随机微分方程的解" 是什么意思?
- 证明方程有解存在, 并讨论解的唯一性、渐近性和对初值、向量场 V, 以及系数矩阵 G 的依赖性质.

在数学上严格描述之前, 我们先做一些试探, 作一些直观上的了解.

(1) 首先看特殊的情况: $X(0) = 0$, $m = n$, $V \equiv 0$ 以及 $G \equiv I$(单位矩阵). 在这最简单的情形, 方程的解应该是 n 维的 Brown 运动, 或 Wiener 过程, 记为 $W(\cdot)$. 于是

$$dW(t) = \xi(t), \quad t > 0.$$

由此我们看到, 所谓**"白噪声"**, 即为 **Brown 运动对时间的 "导数"**. Brown 运动是最典型的人们最早了解的随机现象, 稍后我会做较详细的介绍. 早在 1905 年爱因斯坦即对 Brown 现象进行理论研究, 从而大大推动了统计物理学的发展.

(2) 其次, 上面说 "Brown 运动对时间的导数", 其中 "导数" 其实只是一个形式上的记号. 因为 Brown 运动, 作为随机过程是不可微的, 通常意义下的微分对它没有意义. 因此我们就有必要说明这个导数是什么含义, 也就是要建立**随机微积分**, 即**Itô(伊藤) 微积分**. 所以随机微分方程里出现的微积分, 意指 Itô 微积分.

(3) Itô 微积分可以对一大类随机过程 (通常意义下不一定可微的函数) 进行微分, 与通常的微积分相比, 其最大的不同点就是

通常的连锁法则不成立!

这是什么含义呢? 我们先看一维的情况. 设 u 是一光滑函数, $X(\cdot)$ 是随机微分方程的解, 问复合函数 $Y(t) := u(X(t))$ 适合什么方程呢? 如果通常的连锁法则成立, 就应该有

$$dY = u'dX = u'(Vdt + GdW).$$

但是, 这是错误的! 注意: $W(\cdot)$ 是不可微的. 而事实上, 在某种意义上有

$$dW(t) \approx (dt)^{1/2}.$$

由此, 如果我们计算 $\mathrm{d}Y$ 并保留所有界为 $\mathrm{d}t$ 和 $(\mathrm{d}t)^{1/2}$ 的项, 即得

$$\begin{aligned}\mathrm{d}Y &= u'\mathrm{d}X + \frac{1}{2}u''(\mathrm{d}X)^2 + \cdots \\ &= u'(V\mathrm{d}t + G\mathrm{d}W) + \frac{1}{2}u''(V\mathrm{d}t + G\mathrm{d}W)^2 + \cdots \\ &= \left(u'V + \frac{1}{2}G^2u''\right)\mathrm{d}t + u'G\mathrm{d}W + \cdots .\end{aligned}$$

这里我们用到 $(\mathrm{d}W)^2 = \mathrm{d}t$, 从而得到 $Y(t)$ 适合的方程:

$$\mathrm{d}Y = \left(u'V + \frac{1}{2}G^2u''\right)\mathrm{d}t + u'G\mathrm{d}W.$$

这就是一维情形随机微分的连锁法则, 不仅与 u 的一阶导数有关, 还和二阶导数有关. 当然, 如果噪声系数 $G = 0$, 就和通常的连锁法则一样了. 在高维的情形, 连锁法则的形式会更复杂一些.

上面我们对随机微分方程及随机微积分有了一些直观的了解. 那么数学上如何严格定义? 比如 "随机" 这个概念, 在数学上是什么意思? 什么是随机过程?

1.2 概率论基本概念回顾

为了准确定义 "随机", 首先引进概率空间的数学结构.

所谓概率空间, 是指三元素 $(\Omega, \mathcal{U}, P)$, 其中 Ω 是一集合; $\mathcal{U}$ 是 Ω 之子集的 σ-代数; P 是 $\mathcal{U}$ 到 $[0,1]$ 的映射, 称为 $\mathcal{U}$ 上的概率测度.

一些常用术语: 称 $\mathcal{U}$ 中的元素 $A \in \mathcal{U}$ 为事件; 称 Ω 中的点 $\omega \in \Omega$ 为样本点; 称 $P(A)$ 的值为事件 A 的概率.

下面的例子是一个常用的概率空间.

例 记 $\mathcal{B}$ 为 $\mathbb{R}^n$ 中所有 Borel 子集, 定义

$$P(B) = \int_B f\mathrm{d}x, \quad \forall B \in \mathcal{B},$$

其中 f 是一个适合 $\int_{\mathbb{R}^n} f\mathrm{d}x = 1$ 的非负函数. 则 $(\mathbb{R}^n, \mathcal{B}, P)$ 是一个概率空间, 并称 f 为 P 的密度函数.

有了概率空间的概念即可以定义随机变量、随机过程及样本路径.

定义 给定概率空间 $(\Omega, \mathcal{U}, P)$,

(1) 称映射 $X : \Omega \to \mathbb{R}^n$ 是一个随机变量, 如果 X 是 $\mathcal{U}$ 可测的, 即

$$X^{-1}(B) \in \mathcal{U}, \quad \forall B \in \mathcal{B}.$$

(2) 如果每个 $X(t)(t \geqslant 0)$ 都是随机变量, 则称随机变量族 $\{X(t)|t \geqslant 0\}$ 为随机过程.

(3) 固定 $\omega \in \Omega$, 称映射 $t \mapsto X(t,\omega)$ 为样本路径.

随机微分方程的解 X 是一个随机过程, 在每个时间 t, 对应的 $X(t)$ 是随机变量, 是 Ω 上的一个可测映射. 这和通常的确定型方程不一样, 通常微分方程的解在每个时间 t 所对应的 $x(t)$ 是 Ω 中的一个点, 而随机变量 $X(t)$ 却与整个 Ω 有关系, 是上面的一个映射. 由此看出来, 随机过程作为随机微分方程的解, 并不是 $\mathbb{R}^n$ 中的曲线. 其次, 虽然对于固定的样本点 $\omega \in \Omega$, 样本路径 $X(t,\omega)(t \geqslant 0)$ 是 $\mathbb{R}^n$ 中的一个曲线, 但是对于一个随机变量, 我们通常用 X 而不是 $X(\omega)$ $(\omega \in \Omega)$ 来表示, 这反映了概率论的习惯 —— 不去展示或强调对样本点的依赖关系. 省略掉这个依赖关系, 其原因是一个样本路径并没有代表性, 不反映事物的本质, 仅仅一个样本点有太大的偶然性.

因此在概率论中, 对于一个随机变量 X, 相比较它作为映射本身, 人们更关心其概率性质, 即这个随机变量映到某个集合里的概率有多大, 以及它的平均值、它与平均值之差的平均. 下面引进概率函数、数学期望、方差的概念.

定义　给定一个随机变量 X, 称 $F(B) := P(X \in B)$, $B \in \mathcal{B}$ 为 X 的概率函数. 如果概率函数可以表示为

$$F(B) = \int_B f(x)\mathrm{d}x, \quad \forall B \in \mathcal{B},$$

则称 f 是 X 的密度函数; 称积分

$$E(X) := \int_\Omega X\mathrm{d}P$$

为 X 的数学期望; 称

$$V(X) := \int_\Omega |X - E(X)|^2\mathrm{d}P$$

为 X 的方差.

密度函数非常重要. 因为在概率理论中, 几乎所有有趣的量, 都可以通过密度函数来计算.

例　高斯分布 $N(m,\sigma^2)$.

如果随机变量 $X:\Omega \to \mathbb{R}^1$ 具有密度函数

$$f(x) = \frac{1}{\sqrt{2\pi\sigma^2}}\mathrm{e}^{-\frac{|x-m|^2}{2\sigma^2}}, \quad x \in \mathbb{R}^1,$$

称 X 具高斯 (或正态) 分布, 并记为 $N(m,\sigma^2)$.

很容易计算出来, 一切具高斯分布 $N(m,\sigma^2)$ 的随机变量, 其数学期望等于 m, 方差等于 σ^2. 前面提到的 Brown 运动就是这样的随机过程. 其实在现实世界中, 大多数随机变量都具有高斯分布的特点. 因为根据中心极限定理, 任何一组独立同分布的随机变量, 其数量和一定服从高斯分布.

1.3 Brown 运动, Wiener 过程

人们最早了解的最典型的随机过程是 Brown 运动或 Wiener 过程. 早在 1826～1827 年, R.Brown 观察花粉颗粒悬浮于水中的运动, 发现其运动轨迹有这样的特点: 任何一点都不正则, 没有切线, 而且任何两个颗粒之间相互独立, 没有关联. 人们将具有这类特点的随机现象称为 Brown 现象. 1900 年, L.Bachelier 用数学方法研究股票的价格, 对 Brown 现象给予数学描述; 1905 年, 爱因斯坦通过研究墨滴在清水中的扩散, 证明对 Brown 现象来说其密度函数服从扩散方程, 从而服从正态分布. 也就是说, Brown 运动作为随机过程, 其密度函数是高斯分布. 直到 20 世纪 20 年代, N.Wiener 对 Brown 运动建立了严格的数学基础, 所以 Brown 运动也叫做 Wiener 过程. 下面给出一维 Brown 运动数学上的严格定义.

定义 $(n=1)$ 称随机过程 $W(\cdot)$ 为 Brown 运动, 或 Wiener 过程, 如果

(i) $W(0)$ 几乎处处为零;

(ii) $W(t)-W(s)$ 具高斯分布 $N(0,t-s)$, $\forall t\geqslant s\geqslant 0$;

(iii) (增量独立性) 对 $0<t_1<\cdots<t_k$, $W(t_1)$, $W(t_2)-W(t_1),\cdots,W(t_k)-W(t_{k-1})$ 是独立的随机变量.

第 (i) 条性质很简单, 意即初值为零; 第 (ii) 条则等同爱因斯坦的发现即密度函数服从正态分布; 第 (iii) 条反映了相互独立性, 正是前面所说 Brown 现象中任何两个颗粒之运动的不相关性. 任何一个随机过程, 只要适合上述三条, 就叫做 Brown 运动, 或 Wiener 过程.

但是, Wiener 过程一定存在吗? 它有什么性质? 连续性如何? 可微性如何? 特别地, 它有什么样的概率性质? 这些都是我们自然要问的问题.

对于存在性, 可以证明: 只要一个概率空间存在可数多个相互独立的正态分布, 就可以构造一维 Brown 运动.

关于 Wiener 过程的连续性, 可以证明: 几乎所有的样本路径都是连续的, 而且是 Hölder 连续. 准确地说有下面的定理.

定理 设 $W(\cdot)$ 是一 Wiener 过程. 则对 $\gamma<1/2$, 以及几乎处处的样本点 ω, 样本路径 $W(\cdot,\omega)$ 是 γ-Hölder 连续.

当然, 连续性是随机过程理论中的一个基本问题. 下面的 Kolmogorov 定理

是关于一般随机过程样本轨道的 Hölder 连续性的结果. 上述关于 Wiener 过程的 Hölder 连续性结果, 便是此定理的一个推论.

Kolmogorov 定理　对于随机过程 $X(\cdot)$, 如果几乎处处的样本路径是连续的, 且对某 $\alpha > 0$ 和 $\beta > 0$,

$$E(|X(t) - X(s)|^{\beta}) \leqslant C|t - s|^{1+\alpha}.$$

则对任一 $0 < \gamma < \alpha/\beta$, $T > 0$, 以及几乎处处的 ω, 样本路径 $X(\cdot, \omega)$ 在 $[0, T]$ 上是一致 γ-Hölder 连续的.

如前所知, Wiener 过程几乎处处的样本轨道 $W(\cdot, \omega)$ 是 γ-Hölder 连续的, 只要 γ 小于 1/2. 那么当 $\gamma \geqslant 1/2$ 时, 它的 Hölder 连续性如何呢? 答案是否定的, 这时一定不是 γ-Hölder 连续的. 由此可见, Brown 运动是处处不可微的. 这就是下面的

定理　设 $W(\cdot)$ 是一个 Wiener 过程. 对 $1/2 \leqslant \gamma \leqslant 1$ 以及几乎处处的 ω, 样本路径 $W(\cdot, \omega)$ 处处不可能 γ-Hölder 连续, 从而处处不可微.

Brown 运动的处处不可微性有其概率上的意义. 下面的定理便给出处处不可微性一个概率的解释.

定理　任一 n 维的 Brown 运动 $W(\cdot)$ 是一个 Markov 过程.

Markov 过程具有 "无记忆" "无后效" 的特征. 也就是说, s 时刻之前的历史不影响 s 时刻之后的状态. 粗略地说, 这样的随机过程只 "知道" 当前时刻的值, 而不 "记得" 是如何达到这个值的.

1.4　Itô 积分, Itô 连锁法则

既然 Brown 运动 $W(\cdot)$ 是不可微的, 那么作为白噪声的 $\mathrm{d}W$ 是什么意思? 前面说到这是 Itô 意义下的微分, 那么什么是 Itô 意义下的微分? 事实上需要定义的只是 Itô 积分.

定义　设 X 是一个随机过程, 适合

$$X(t) = X(r) + \int_r^t V(X(s))\mathrm{d}s + \int_r^t G(X(s))\mathrm{d}W(s)$$

对所有时间 $0 \leqslant r \leqslant t \leqslant T$. 我们就说随机过程 X 具有随机微分

$$\mathrm{d}X(t) = V(X(t))\mathrm{d}t + G(X(t))\mathrm{d}W(t), \quad t \in [0, T],$$

或称 X 是此随机微分方程的解.

请注意这里的微分符号仅仅是上面积分表达的替用, 严格来说, 单独的 "$\mathrm{d}X$" "$\mathrm{d}t$" 和 "$\mathrm{d}W$" 是没有意义的.

我们看到, 在上面积分等式里, 唯右端最后一项的积分没有意义. 所以, 只需要定义 Itô 积分:

$$\int_0^t G\mathrm{d}W,$$

其中 G 是一个随机变量.

1.4.1 Itô 积分之定义

如何定义积分 $\int_0^t G\mathrm{d}W$?

设想一下, 如果 G 是可微函数, 这时可以将 $\mathrm{d}W$ 理解为 "广义导数", 即

$$\int_a^b G\mathrm{d}W := -\int_a^b G'W + GW|_a^b.$$

但是, 当 G 不是可微函数时, 如此定义便行不通了.

我们再做进一步的观察, 看看当 $G = W$ 时, 应该如何定义积分?

$$\int_0^t W\mathrm{d}W = ?$$

考察 Riemann 和如下. 给定一个分布

$$0 = t_0 < t_1 < \cdots < t_m = t,$$

在每个区间取一点

$$\tau_k := (1-\lambda)t_k + \lambda t_{k+1}, \quad 对某个\lambda \in [0,1],$$

那么, 可以证明: 当 $\max_k |t_{k+1} - t_k| \to 0$ 时, Riemann 和

$$\sum_{k=0}^{m-1} W(\tau_k)(W(t_{k+1}) - W(t_k))$$

在 $L^2(\Omega)$ 中收敛到

$$\frac{W(t)^2}{2} + \left(\lambda - \frac{1}{2}\right)t.$$

请注意, Riemann 和的极限值与 λ 有关! 也就是说与每个区间 $[t_k, t_{k+1}]$ 中 τ_k 的选择有关. 既然极限值与区间中点的选择有关, 就不能随便选取了.

Itô 的定义 取 $\lambda = 0$, 即

$$\int_0^t W\mathrm{d}W := \frac{W(t)^2}{2} - \frac{t}{2},$$

更一般地

$$\int_s^t W\mathrm{d}W := \frac{W(t)^2 - W(s)^2}{2} - \frac{t-s}{2}.$$

注　还有另一种定义方法, 即取 $\lambda = 1/2$. 这就是所谓的 Stratonovich 积分.

人们自然要问, 为什么取 $\lambda = 0$? 这样选择有何益处?

这样做可以对很广泛的一类所谓 "非预测" 的 (nonanticipating) 随机过程 G 建立 Itô 积分

$$\int_0^t G\mathrm{d}W,$$

并通过在小区间 $[t_k, t_{k+1}]$ 左端点 $\tau_k = t_k$ 上取值的 Riemann 和来逼近积分.

1.4.2　性质

Itô 积分有些什么性质?

和通常的微积分相比, 随机微积分最大的特点就是其连锁法则 (chain rule) 具有下面的特别形式.

定理(Itô公式或 Itô连锁法则)　假设 $X(\cdot)$ 具有随机微分

$$\mathrm{d}X(t) = V(X(t))\mathrm{d}t + G(X(t))\mathrm{d}W, \quad t \in [0, T].$$

如果 $u : \mathbb{R}^n \times [0, T] \to \mathbb{R}^1$ 是 C^2 光滑的, 则复合函数 $u(X(t), t)$ 适合

$$\begin{aligned} \mathrm{d}u(X(t), t) &= \frac{\partial u}{\partial t}\mathrm{d}t + \sum_i \frac{\partial u}{\partial x_i}\mathrm{d}X^i \\ &\quad + \frac{1}{2}\sum_{i,j} \frac{\partial u^2}{\partial x_i \partial x_j} \sum_l G^{il}G^{jl}\mathrm{d}t \\ &= \left(\frac{\partial u}{\partial t} + L^* u\right)\mathrm{d}t + \nabla u \cdot G\mathrm{d}W, \end{aligned}$$

其中 L^* 是微分算子

$$L^* u = \frac{1}{2}\sum_{i,j} a^{ij} \frac{\partial u^2}{\partial x_i \partial x_j} + V \cdot \nabla u, \quad a^{ij} = \sum_l G^{il}G^{jl}.$$

我们称 L^* 为随机微分 $\mathrm{d}X$ 的生成子 (generator), 这是一个椭圆型微分算子. 十分有趣的是, 后面我们将看到, 对应到这个椭圆算子的偏微分方程 (PDE) 与随机微分方程 (SDE) 之间, 关系紧密. 换言之, Itô 公式提供了随机微分方程与偏微分方程 (确定型方程) 两者之间的一个重要连接.

1.5 随机微分方程的解

考虑随机微分方程

$$\mathrm{d}X(t) = V(X(t))\mathrm{d}t + G(X(t))\mathrm{d}W, \quad t \in [0,T] \tag{1}$$

的初值问题

$$X(0) = x \in \mathbb{R}^n.$$

1.5.1 基本结果

对于随机微分方程的初值问题解的存在性、唯一性、正则性, 以及解对参数的连续依赖性等等, 人们已有比较多的了解. 在一定的条件下, 比如假定噪声系数 G 局部 Lipschitz 连续以及向量场 V 不超线性增长, 可以用逐次逼近法证明：初值问题的解全局存在且唯一, 并且对初始值有比较好的连续依赖性质.

关于解的正则性, 可以证明它的样本路径具有和 Brown 运动一样的连续性, 即对几乎处处的样本点 $\omega \in \Omega$, 样本路径 $X(\cdot,\omega)$ 是 γ-Hölder 连续, 只要 $\gamma < 1/2$.

解的渐近行为, 即当时间 $t \to \infty$ 时, 随机变量 $X(t)$ 的极限状态是人们特别关心的问题, 这也正是**随机动力系统**所研究的课题. 这里不作进一步的深入.

1.5.2 应用

随机微分方程有许多重要应用, 比如控制论中的最优停止 (optimal stopping) 问题、数学金融理论中的期权定价 (options pricing) 问题. 特别有趣的是, 它对偏微分方程理论有十分重要的应用. 应用随机理论, 人们能够对偏微分方程的解给出概率解释.

例 *偏微分方程 (PDE) 解之概率表达.*

设 $U \subset \mathbb{R}^n$ 有界开集, 有光滑边界. 设 u 是下列边值问题：

$$\begin{cases} -\dfrac{1}{2}\Delta u = 1, & \text{在 } U \text{ 内}, \\ u = 0, & \text{在 } \partial U \text{ 上} \end{cases}$$

的唯一解. 对 $x \in U$, 记 $X(\cdot)$ 是 "从 x 出发的 Brown 运动", 即

$$X(\cdot) = W(\cdot) + x.$$

定义随机变量 τ_x 如下：

$$\tau_x := X(\cdot) \text{ 首次碰到 } \partial U,$$

则边值问题的解 $u(x)$ 可以表示为随机变量 τ_x 的数学期望, 即

定理(Feynman-Kac) $\quad u(x) = E(\tau_x), \ \forall x \in U.$

注意, Brown 运动的生成子 L^* 是 $\frac{1}{2}\Delta$, 也就是 $V = 0$, $G = I$ 的情形, 上述 Feynman-Kac 定理即为此情形下的结论. 其实对于一般的 V 和 G, Feynman-Kac 定理仍然成立, 只要将偏微分方程的左端换成 L^*, 而 $X(\cdot)$ 换为 "以 x 为初值的随机微分方程之解".

1.5.3 概率性质

与其样本轨道相比, 在概率理论中, 人们更关心随机过程的概率性质. 所以自然要问, 随机微分方程的解有怎样的概率性质? 换言之, 它的概率函数有些什么性质?

对 $x \in \mathbb{R}^n$, $s \in [0, T]$, 如果 $X_{s,x}$ 是随机微分方程

$$\begin{cases} \mathrm{d}X(t) = V(X(t))\mathrm{d}t + G(X(t))\mathrm{d}W, & t \in [s, T), \\ X(s) = x \end{cases}$$

的唯一解, 定义概率函数 $P(s, x, t, \cdot) : \mathcal{B} \to \mathbb{R}^1$ 如下:

$$P(s, x, t, B) = \Pr\{X_{s,x}(t) \in B\}, \quad B \subset \mathcal{B},$$

其中 $\mathcal{B}$ 是 $\mathbb{R}^n$ 中所有的 Borel 集. 在一定条件下, 可以证明概率函数 $P(s, x, t, B)$ 是一类具有良好性质的函数, 是所谓的**转移概率 (transition probability) 函数**. 我们说它是由 (1) 生成的转移概率函数. 由此产生两个不同的研究方向.

1. 概率方法

记 $M(\mathbb{R}^n)$ 为 $\mathbb{R}^n$ 上所有测度构成的空间.

由 (1) 生成的转移概率函数可以产生测度空间上的半流 (semi-flow). 所谓概率方法即研究此半流的不变性质. 这是动力系统十分关心的重要问题.

半流的具体定义如下: 用转移概率函数, 定义映射 $\pi^t : M(\mathbb{R}^n) \to M(\mathbb{R}^n)$,

$$\pi^t \mu(B) = \int_{\mathbb{R}^n} P(0, x, t, B)\mu(\mathrm{d}x), \quad B \subset \mathcal{B}$$

对所有 $t > 0$. 由此得到一个测度空间上的半流 (semi-flow)$\pi^t (t > 0)$.

但是, 对此半流的研究不仅需要对噪声, 而且对其动力系统需要比较多的限制. 这是概率方法的局限之处.

2. 偏微分方程方法

这是我们特别关注的方面.

考虑 Fokker-Planck 方程

$$\begin{cases} u_t = Lu =: \sum_{i,j=1}^{n} \partial_{ij}^2(a^{ij}u) - \mathrm{div}(Vu), & x \in \mathbb{R}^n,\ t \in [0,T), \\ u(x,t) \geqslant 0, \quad \int_{\mathbb{R}^n} u(x,t)\mathrm{d}x = 1, \end{cases} \tag{2}$$

其中系数矩阵 $(a^{ij}) \geqslant 0$ 称为方程的扩散项 (difussion term), 向量场 V 称为漂移 (drift) 项, 微分算子 L 称为 Fokker-Planck 算子.

这是一个抛物型偏微分方程, 来源于随机微分方程. 事实上, 它以下面的方式与随机微分方程对应. 如果由随机微分方程 (1) 生成的转移概率函数 P 接受密度函数 p, 即

$$P(s,x,t,B) = \int_B p(s,x,t,y)\mathrm{d}y, \quad B \subset \mathcal{B},$$

则此密度函数 p 是上面 Fokker-Planck 方程 (2) 的核 (kernel), 其中扩散项 (a^{ij}) 由噪声系数 G 来决定

$$(a^{ij}) = \frac{GG^{\mathrm{T}}}{2},$$

而漂移项 V 与 (1) 中的向量场 V 相同. 我们称这样的方程是对应于随机微分方程 (1) 的 Fokker-Planck 方程, 或由 (1) 生成的 Fokker-Planck 方程.

注意, Fokker-Planck 算子 L 与随机方程 (1) 的生成子 L^* 互为共轭算子. 很显然, 要对随机方程 (1) 的解之概率性质有所了解, 只需要研究相应的 Fokker-Planck 方程 (2).

在 Fokker-Planck 方程 (2) 的所有解 $u(x,t)$ 中, 有一类解具有特别的意义, 即与时间无关的解, 亦即平稳方程 (stationary equation) 的解.

1.6 Fokker-Planck 平稳方程

Fokker-Planck 平稳方程 (stationary Fokker-Planck equation) 即为

$$\begin{cases} Lu =: \sum_{i,j=1}^{n} \partial_{ij}^2(a^{ij}u) - \mathrm{div}(Vu) = 0, & x \in \mathbb{R}^n, \\ u(x) \geqslant 0, \quad \int_{\mathbb{R}^n} u(x)\mathrm{d}x = 1. \end{cases} \tag{3}$$

我们称平稳方程的解为 Fokker-Planck 方程的稳态解 (steady states).

为什么 Fokker-Planck 方程的稳态解 (steady states) 具有特别重要的意义? 我们可以从下面几个方面来看.

1.6.1 模型问题

在建立数学模型的时候, 人们要考虑这样的问题：既然现实世界中噪声无处不在, 是不是确定型模型 (deterministic models)

$$\dot{x} = V(x), \quad x \in \Omega \subset \mathbb{R}^n \tag{4}$$

在所有情形对所有的物理现象都是无效的? 其实不是这样的. 从数学上可以严格证明, 在任何有限的时间区间, 当噪声干扰很小时, 随机微分方程的解与原来确定型方程的解之间的差是很小的, 也就是说, 小的噪声干扰可以忽略. 这时, 在有限的时间里, 确定型方程 (4) 依然可用来作为物理对象的数学模型. 因此, 只有当时间无限长, 噪声干扰才有可能带来真正实质性的影响.

从此意义上我们看出, 随机微分方程解的渐近性质, 特别是 Fokker-Planck 方程的解之渐近性质, 成为很重要的问题. 那么当 $t \to +\infty$ 时, $u(x,t)$ 的极限行为如何呢? 事实上, 在一定条件下可以证明, $u(x,t) \to u(x)$ (当 $t \to +\infty$), 而其极限 $u(x)$ 正是 Fokker-Planck 平稳方程的解! 由此, 对稳态解的研究有利于人们了解在长时间后噪声所产生的影响.

1.6.2 动力系统问题, 随机稳定性

此外, Fokker-Planck 方程稳态解的研究对刻画常微系统在噪声扰动下的动力学形态, 如不变测度的随机稳定性及随机分支, 也具有重要意义. 在一定的条件下可以证明, 白噪声扰动的随机微分方程的解, 是一个随机扩散过程 (difussion process), 而它的不变测度则等同于 Fokker-Planck 方程的稳态解. 然而, 即使条件不满足, Fokker-Planck 方程的稳态解仍有意义, 并且对应于某类广义随机扩散过程的不变测度. 所以我们希望通过研究 Fokker-Planck 方程的稳态解 (steady states), 来刻画在白噪声干扰之下, 常微分方程 (4) 之不变测度的随机稳定性.

在噪声的干扰下, 人们自然希望了解常微分方程 (4) 的哪些动力系统性质经得起干扰, 即具有 “刚性” 的特点. 这就是所谓的**随机稳定性问题：刻画那些动力系统对象, 它们在噪声的扰动之下依然保留.** 对于常微分方程 (4), 假设它生成流 ϕ^t, 研究关于流 ϕ^t 的不变性质是动力系统的基本问题. 例如, 关于流 ϕ^t 的不变测度 (以及不变集) 是一般动力系统研究的主要对象, 那么它们的随机稳定性问题自然是十分有意义的研究课题.

不变测度的随机稳定性问题可以叙述如下：给定一族噪声扰动 $\{G_\varepsilon\}(0 < \varepsilon \ll 1)$, 满足 $G_\varepsilon \to 0$(当 $\varepsilon \to 0$). 记 u_ε 为相应于 G_ε 的 Fokker-Planck 方程的稳态解.

问常微分方程 (4) 的一个不变测度 μ, 在噪声 G_ε 扰动之下是否随机稳定? 其实就等价于问：当 $\varepsilon \to 0$ 时, 不变测度 μ 是否可以成为相应 Fokker-Planck 稳态解 u_ε 的极限?

于是, 在噪声 $G_\varepsilon(0 < \varepsilon \ll 1)$ 扰动之下不变测度的随机稳定问题, 即等价于刻画那些不变测度 μ, 它们可以成为相应于 G_ε 之 Fokker-Planck 方程稳态解的极限, 即 $\mu = \lim_{\varepsilon\to 0} u_\varepsilon$. 那么, 首当其冲需要对 Fokker-Planck 方程的稳态解有比较深入的研究, 由此产生下面具体的偏微分方程问题：

- Fokker-Planck 方程稳态解是否存在?
- 当 $G_\varepsilon \to 0$ 时, 稳态解所构成的集合 $\{u_\varepsilon\}$ 紧性如何? 有怎样的收敛性质?

虽然 Fokker-Planck 平稳方程是一个椭圆型的偏微分方程, 但是, 当噪声系数 $G_\varepsilon \to 0$ 时, 方程的扩散项即椭圆系数矩阵 $(a^{ij}) \to 0$. 这时椭圆方程无限接近于退化方程, 要建立解 $\{u_\varepsilon\}$ 的先验估计 (关于 ε 一致的), 显然不能像通常的椭圆方程理论那样用椭圆系数来控制, 椭圆理论基本上失效. 这是问题的一个最基本的困难. 最近我们 (与黄文 (中国科技大学)、柳振鑫 (吉林大学)、易英飞 (美国佐治亚工学院) 合作) 深入研究, 取得一系列进展. 之前这方面可以说没有任何理论性的结果.

偏微分方程方法的优势之一, 就是对方程只需要较弱的正则性假定. 虽然从随机微分方程 (1) 导出 Fokker-Planck 方程 (2), 以及关于随机微分方程 (1) 已有的研究结果, 都需要关于方程较强的正则性假设, 例如假设 V 和 G 局部 Lipschitz 连续. 但是, 后面我们将看到, 研究 Fokker-Planck 方程 (2) 本身并不需要对 V 和 G 如此强的正则性要求, 只要有适当的可积性假设便可建立理想的结果.

1.7 稳态解研究

对于 Fokker-Planck 方程, 可以在很弱的意义下, 甚至是测度的意义下定义解. 下面是平稳方程测度解的定义.

定义(测度解) 设 μ 是 $\mathbb{R}^n$ 上的概率测度, 如果

$$\int_{\mathbb{R}^n} L^* f \mathrm{d}\mu = 0, \quad \forall f \in C_0^\infty(\mathbb{R}^n),$$

则称 μ 为相应于 Fokker-Planck 方程 (2) 的稳态解 (或稳态测度). 这里 L^* 是 Fokker-Planck 算子 L 的共轭算子, $C_0^\infty(\mathbb{R}^n)$ 表示 $\mathbb{R}^n$ 上具紧支集的无穷光滑函数所构成的空间.

定义(弱解) 如果稳态测度 μ 具有正的连续的密度函数 u, 即 $\mu(\mathrm{d}x) = u\mathrm{d}x$, 称 u 为相应于 Fokker-Planck 方程 (2) 弱的稳态解.

很显然, 当方程中各个系数足够光滑并且处处成立 $(a^{ij}) > 0$ 时, 根据椭圆理论, 其弱解一定是古典解.

1.7.1　解的正则性

在什么情况下测度解可以成为弱解呢? 关于测度解的正则性, 由 Bogachev-Krylov-Röckner(1997, 2001) 建立, 他们证明只要方程不退化, 且系数具有适当的可积性, 则任何测度解一定是弱解.

定理　假设 $(a^{ij}) > 0$, $a^{ij} \in W^{1,p}_{\text{loc}}$, $V \in L^p_{\text{loc}}$ $(p > n)$. 则稳态测度一定是弱解, 并且接受一个正的密度函数属于 $W^{1,p}_{\text{loc}}$.

1.7.2　解的存在性

其实可以考虑 Fokker-Planck 方程及其平稳方程在一般流形上, 或 $\mathbb{R}^n$ 中的任何一个子区域上, 而不一定在全空间 $\mathbb{R}^n$ 上.

当方程是一致椭圆而且方程的定义域为紧的时候, 人们对解的存在性已有很好的了解. 事实上, 当方程是一致椭圆的, 如果方程定义在紧的流形上且系数光滑, 那么存在唯一的光滑的稳态解, 这是 Zeeman 于 1988 年证明的结果; 如果方程定义在 $\mathbb{R}^n$ 中的有界集 Ω 上, 那么通过求解适当的边值问题, 即可得到方程的正解. 例如求解非齐的 Dirichlet 边界条件, 并应用 Trudinger 于 1973 年的经典工作; 或求解一类齐次 Robin 边界条件, 并应用 Amann(1983) 的工作. 但是, 这种情形下, 解的唯一性一般不成立.

在这里值得注意的是, 定义域的紧性以及一致椭圆性都是十分关键的条件, 不能去掉. 事实上, 如果方程的定义域无界 (即使方程一致椭圆), 或者方程不是一致椭圆 (即使定义域有界且方程处处椭圆), 稳态解不一定存在, 也不一定唯一. 下面的简单例子给出一个反例.

例　$V = 0$, $(a^{ij}) = I$, $\mathbb{R}^n$ 上的稳态解应该适合

$$\begin{cases} \Delta u = 0, & x \in \mathbb{R}^n, \\ u(x) \geqslant 0, & \displaystyle\int_{\mathbb{R}^n} u(x)\mathrm{d}x = 1. \end{cases}$$

这个问题显然没有解! 因为根据 Liouville 定理, 下方有界的调和函数必为常数, 而常数不可能积分等于 1.

关于不唯一性, Bogachev-Röckner-Stannat (1999, 2002) 构造了具有至少两个稳态解的 $\mathbb{R}^n$ 上的 Fokker-Planck 方程, 后来 Shaposhnikov(2008) 证明, 这个方程有无穷多个线性无关的稳态解.

因此, 如果不假设方程的 "定义域的紧性以及一致椭圆性", 要得到稳态解的存在性或唯一性则需要其他的条件.

为方便起见, 如不特别说明, 下面我们总假设方程是处处椭圆的, 即

$$(a^{ij}) > 0.$$

我们首先看一个最典型的情形：方程定义在 $\mathbb{R}^n$ 上.

这时要得到解的存在性, 分析上的一个要点是建立外部区域 (即紧集之外的区域) 上的测度估计, 以证明近似解序列的测度不可能集中到无穷远, 从而其极限不会退变到零. 为此, 所有已知的结果都需要假设 Lyapunov 型条件, 例如, 存在无界的强 Lyapunov 函数 $U \in C^2(\mathbb{R}^n)$, 即

$$\text{i)}\ \lim_{x\to\infty} U(x) = +\infty; \quad \text{ii)}\ \lim_{x\to\infty} L^*U(x) = -\infty.$$

条件 ii) 意即所谓的强 Lyapunov 性质.

此附加条件足以保证稳态解存在唯一. 这就是著名的 **Khasminskii 定理** (1960, 1980)：假设 V, a^{ij} 局部 Lipschitz 连续 (在 $\mathbb{R}^n$ 中), 并且存在无界的强 Lyapunov 函数 U. 那么, $\mathbb{R}^n$ 中的 Fokker-Planck 方程有唯一的稳态解.

但是在 Khasminskii 定理中, 关于方程的正则性假设："V, a^{ij} 局部 Lipschitz 连续", 对于许多应用来说太强, 很多实际问题并不具备这样的连续性. 因此大量的工作出现, 试图将 Khasminskii 定理推广到其方程 "非局部 Lipschitz 连续" 的情形. 像 Bensoussan (1988), Skorohod (1989), Veretennikov (1987, 1997, 1999), Albeverio, Bogachev, Krylov, Röckner, Stannat (1997~2002) 等等, 减弱对方程正则性的假设而建立稳态解的存在唯一性, 这里不一一介绍. 下面的定理是在 "存在强 Lyapunov 函数" 前提下, 对 Khasminskii 定理的一个最一般推广.

定理 假设

a) $a^{ij} \in W^{1,p}_{\text{loc}}$, $V \in L^p_{\text{loc}}$ (对某个 $p > n$);

b) 存在无界的强 Lyapunov 函数 U,

那么, $\mathbb{R}^n$ 中的 Fokker-Planck 方程有唯一的稳态弱解属于 $W^{1,p}_{\text{loc}}$.

这个定理其实包含了几位数学家 Albeverio, Bogachev, Krylov, Röckner, 以及 Stannat(1997~2002) 的工作. Bogachev-Krylov-Röckner (1997, 2001) 在条件 a) 下证明了稳态测度的正则性, 正如前面所叙述的正则性定理; 后来, Bogachev-Röckner (2000) 利用其中的主要思想证明了稳态测度的存在性. 其唯一性是由 Albeverio-Bogachev-Röckner(1999) 以及 Bogachev-Röckner-Stannat(1999, 2002) 得到的, 他们在比 b) 更弱一些的条件下, 证明了解的唯一性.

如果 (a^{ij}) 退化, 上面定理中的存在性部分依然有效. 但这时需要假定 V 是连续的, 而且只能得到稳态测度的存在性, 却没有关于正则性和唯一性的结果. 需要指出的是, 这个关于 V 的连续性假设是必须的：在退化的情形下确实存在不正

则的测度解. 从逻辑上看, 只有当 V 是连续的时候, 每一个测度才有可能成为解的 “候选者”.

2012 年, Arapostathis-Borkar-Ghosh, Bogachev-Röckner-Shaposhnikov 将上述定理加以进一步改进, 减弱条件 b), 其中 “强 Lyapunov 函数” 改为 “Lyapunov 函数”, 即将 ii) 改为

$$\text{ii})' \quad \limsup_{x\to\infty} L^*U(x) = -\gamma < 0.$$

1.7.3　最新研究

下面简要介绍一下我们关于 Fokker-Planck 方程稳态解的最新研究, 以及关于常微分方程不变测度随机稳定性的一些研究.

这些研究的一个最重要的基础, 是我们对 Fokker-Planck 方程稳态解建立的一个积分恒等式. 应用这个积分恒等式, 我们得以建立一系列外部区域 (即紧集之外的区域) 上十分精细的测度估计, 用扩散系数和 Lyapunov 型函数的性质来估计测度的上、下界. 由这些估计, 我们可以证明稳态解的存在性、不存在性, 从而得到一个可解的最佳条件. 特别, 由于这些估计关于噪声系数是一致的 (即使在它趋紧于零时), 避开了椭圆系数趋于零造成的困扰, 我们可以建立稳态解的紧性定理, 这使得不变测度随机稳定性的研究成为可能. 可以说这个积分恒等式对稳态解及随机稳定性的研究有着基本重要的作用, 就像 Pohozaev 恒等式对半线性椭圆方程那样.

1. *积分恒等式, 测度估计及应用*

我们考虑一般区域 $\Omega \subset \mathbb{R}^n$ 上的 Fokker-Planck 方程.

为此, 我们考虑扩展的欧氏空间 $E^n = \mathbb{R}^n \cup \partial\,\mathbb{R}^n$, 其中边界 $\partial\mathbb{R}^n$ 由穿过球面上的点 $x_* \in S^{n-1}$ 之射线的无穷远元素 x_*^∞ 所构成. 通过一个同胚, 将 E^n 与单位闭球 $\bar{B}^n = B^n \cup \partial\,B^n$ 恒同, 使得 $\mathbb{R}^n$ 恒同于 B^n, $\partial\mathbb{R}^n$ 恒同于 S^{n-1}, 即 $x_*^\infty \in \partial\,\mathbb{R}^n$ 对应到 $x_* \in S^{n-1}$. 由此得到 E^n 上的拓扑, 而 Ω 作为 E^n 的子集 $\Omega \subset E^n$, 我们得到边界 $\partial\,\Omega$. 显然, 当 Ω 是无界的时候, $\partial\,\Omega$ 与原来作为 $\mathbb{R}^n$ 中的子集之边界是不同的.

对一般区域 Ω 上稳态解的存在性问题, 分析上的一个要点仍然是建立外部区域 (即紧集之外的区域) 上的测度估计, 以证明近似解序列的测度不可能集中到边界 $\partial\,\Omega$ 上, 从而其极限不会退变为零. 类似地, 我们将用 Lyapunov 函数方法. 下面是 (随机)Lyapunov 型函数的定义.

定义　*称 $U \in C^2(\Omega)$ 是 (随机)Lyapunov(反 Lyapunov) 函数, 如果 U 的上确*

界 $M=\sup U$ 不可能在 Ω 中达到, 而且

$$\text{i) } \lim_{x\to\partial\Omega} U(x)=M; \quad \text{ii) } L^*U(x)\leqslant -\gamma\ (\geqslant\gamma) \quad \text{对 } \partial\Omega \text{ 附近的 } x,$$

其中 $\gamma>0$ 是一常数, 称为 Lyapunov(反 Lyapunov) 常数. 如果在 ii) 中 $\gamma=0$, 则我们称 U 是弱的 (随机)Lyapunov (反 Lyapunov) 函数.

上述关于 (随机)Lyapunov型函数的定义确实可以和常微系统经典的Lyapunov型函数相类比, 因为当噪声为零时, $L^*U=V\cdot\nabla U$, 它们就是经典意义上常微系统的 Lyapunov 型函数.

下面介绍我们的积分恒等式.

定理 假设 a) 在 Ω 中成立, 即 $a^{ij}\in W^{1,p}_{\text{loc}}$, $V\in L^p_{\text{loc}}$ (对某个 $p>n$). 设 $u\in W^{1,p}_{\text{loc}}(\Omega)$ 是 Ω 上 Fokker-Planck 方程的稳态弱解. 那么, 对任一广义的 Lipschitz 区域 $\Omega'\subset\subset\Omega$ 以及任一具有常数边值 ($F|_{\partial\Omega'}=$ 常数) 的函数 $F\in C^2(\bar{\Omega}')$, 有

$$\int_{\Omega'}(L^*F)u\,\mathrm{d}x=\int_{\partial\Omega'}(a^{ij}\partial_iF\nu_j)u\,\mathrm{d}s,$$

其中 $(\nu_j(x))$ 表示 $\partial\Omega'$ 在 x 处的外法向量, 对于几乎处处的 $x\in\partial\Omega'$.

这个恒等式反映了方程的物理特性. 注意其右端仅依赖于扩散项, 即噪声系数, 而与漂移项 V 无关. 这使得我们可以利用噪声在边界上的信息来估计整体测度. 在应用中, 我们通常取区域 Ω' 为 Lyapunov 型函数 U 的水平集 $\Omega_\rho=\{U<\rho\}$, $\rho<M$. 但是一般来说, 如果 ρ 不是 U 的正则值, 其水平集 Ω_ρ 并不一定是广义的 Lipschitz 区域, 不能直接取作为 Ω', 这就需要一些逼近的技巧来克服这个麻烦, 以建立稳态解在外部区域上的测度估计. 简要地说, 当 U 是 Lyapunov 函数或弱 Lyapunov 函数时, 我们可以建立测度的上界估计; 当 U 是反 Lyapunov 函数或弱反 Lyapunov 函数时, 我们可以建立测度的下界估计. 前种情形即导出解的存在性定理, 而后种情形则导出解的不存在性定理.

2. 存在性

若有 Lyapunov 函数 U 存在, 我们可以建立下面的测度估计: 对某外部区域 $\mathcal{N}\subset\Omega$, 任何相应于噪声 G 的 Fokker-Planck 方程的稳态解 u_G 都适合

$$\int_{\mathcal{N}}u_G\mathrm{d}x\leqslant C|G|_{C^0(\Omega\backslash\mathcal{N})}\int_{\Omega\backslash\mathcal{N}}u_G\mathrm{d}x,$$

其中 C 是常数, 仅依赖于 U 的 C^1 模及 Lyapunov 常数 $\gamma>0$. 利用这个估计, 我们可以证明下面的存在性定理: 若存在 Lyapunov 函数, 则 Fokker-Planck 方程接受唯一的稳态解.

3. 紧性

更重要的是从上面的估计我们能够得到关于稳态测度集的紧性定理. 给定一族噪声扰动 $\{G_\varepsilon\}(0 < \varepsilon \ll 1)$, 满足 $G_\varepsilon \to 0$(当 $\varepsilon \to 0$). 如果相应于噪声 G_ε 的 Fokker-Planck 方程有一致的 Lyapunov 函数, 那么从上面的估计我们看到, 当 $|G_\varepsilon|_{C^0} \to 0$ 时, $u_\varepsilon \mathrm{d}x$ 的外部测度一致地趋于零. 根据 Prokhorov 定理, 由稳态测度构成的集合 $\{u_\varepsilon \mathrm{d}x\}$ 是一个紧密的 (tight) 集合. 这一紧性结果为下面研究不变测度和不变集的随机稳定性奠定了基础.

4. 不存在性

若有反 Lyapunov 函数 U 存在, 我们可以对某外部区域建立测度的下界估计, 从而得到解的不存在性定理如下:

定理 假设 a), 即 $a^{ij} \in W^{1,p}_{\mathrm{loc}}$, $V \in L^p_{\mathrm{loc}}$ (对某个 $p > n$), 并且存在反 Lyapunov 函数 U 使得

$$0 < \sum_{i,j=1}^{n} a^{ij} \partial_{x_i} U \partial_{x_j} U \leqslant H(U), \quad \text{对 } \partial\Omega \text{ 附近的 } x,$$

其中 H 是某定义在 $[0, M)$ 上的函数适合 $\int_0^M H^{-1}(t)\mathrm{d}t = +\infty$. 那么, Fokker-Planck 方程没有任何稳态测度存在.

需要指出的是, 对于稳态解的不存在性, 仅仅有反 Lyapunov 函数是不够的, 定理中关于函数 H 的积分条件 $\int_0^M H^{-1}(t)\mathrm{d}t = +\infty$ 确实十分关键, 因为很容易造出这样的方程, 它同时有 Lyapunov 函数和反 Lyapunov 函数. 事实上, 这个条件是对边界附近噪声强度的控制, 也就是说, 如果边界附近的噪声不是很强, 那么稳态解极有可能不存在.

例 设 $0 < \lambda I \leqslant (a^{ij}) \leqslant \Lambda I$. 取 $U(x) = |x|^2$, $x \in \mathbb{R}^n$, 可取 $H(t) = \Lambda t$(对所有 $t > 0$), 显然 H 适合积分条件.

这样立即得不存在性结果如下: 若 $V(x) \cdot x \to \gamma \geqslant 0$(当 $x \to \infty$), 则 Fokker-Planck 方程没有任何稳态测度存在.

当有弱的 Lyapunov 函数 (或有弱的反 Lyapunov 函数) 存在时, 我们也可以建立存在性 (或不存在性定理), 这里不详细说. 但是这些结果恰恰反映了噪声在边界附近的强度是如何影响了稳态解的存在的. 例如, 若 U 是方程的弱 Lyapunov 函数同时也是弱反 Lyapunov 函数, 那么是否存在解就取决于噪声在边界附近的强度 $\sum a^{ij} \partial_{x_i} U \partial_{x_j} U$ 如何, 如果不太弱 (下界有某种控制), 则有解存在; 如果不太强 (上界有某种控制), 则无解存在. 也就是说, 越强越可能存在, 越弱越可能不

存在. 这一现象当 Ω 是有界集时比较容易得到直观的理解, 只要边界附近的噪声足够强, 稳态解就会存在, 一个极端强的情况就是一致椭圆的情形: (a^{ij}) 在 $\partial\Omega$ 上不退化. 这时, 如前所述, 求解适当的边值问题就可以得到许多解.

5. 极限测度

未扰动系统 (常微系统) 不变测度 (或不变集) 的随机稳定性问题, 就是要刻画当噪声扰动趋于零时稳态测度的极限测度. 根据前面稳态测度的存在性及紧性结果, 在一定的条件下便得到极限测度的存在. 关于这些极限测度我们有如下的刻画.

首先稳态测度的极限均为未扰动系统的不变测度. 当未扰动系统具有耗散性时, 稳态测度的极限均支撑于其全局吸引子; 当未受扰动系统具有强局部吸引子时, 存在乘法噪声扰动使其稳态测度的极限支撑于该局部吸引子, 且反面结论相应于强排斥子也成立. 这说明, 作为不变集, 全局吸引子对于任何噪声扰动都是稳定的; 而强局部吸引子一定对于某一类乘法噪声扰动是稳定的.

当梯度系统受加法噪声扰动时, 我们证明相应 Gibbs 测度的极限总是支撑于势函数的全局极小点集, 且在两大类情况下 Gibbs 测度是收敛的. 这说明, 对于加法噪声扰动, 势函数的全局极小点集是随机稳定的不变集, 而且在那两大类情况下相应不变测度是随机稳定的.

附　记

本文是根据作者 2013 年 3 月 5 日所作的 "数学所讲座" 的内容整理而成. 其中关于随机微分方程部分主要参考了如下文献:

[1] Evans L C. An Introduction To Stochastic Differential Equations. Version 1.2.

[2] Friedman A. Stochastic Differental Equations and Applications. New York: Academic Press, Inc., 1975,1976.

[3] Gikhman I I and Skorokhod A V. Introduction to the Theory of Random Processes. Translated from the Russian by Scripta Technica, Philadelphia, Pa.-London-Toronto, Ont: Inc. W. B. Saunders Co., 1969.

其他内容涉及文献较多, 难以一一列出.

2 变分原理——自然法则

丁彦恒

主持人：在这春光明媚的人间四月天，我们很高兴请到丁彦恒教授来为我们作四月份的数学所讲座报告. 20 世纪 80 年代末他从七彩云南来到数学所，在这里已经度过了二十多个春秋. 在这二十多年里，他一直默默耕耘在泛函分析这个领域里面，非常踏实，也非常沉稳，尽显学者的本份. 他当然还担任过数学会的常务副秘书长，所以这里面很多八卦一定是很清楚了，不过你很难从他那里知道详情，这也反映出他的一种非常稳重的性格. 二十多年来的辛勤耕耘和踏实的工作，使得他在泛函分析这个领域有了很多的建树，包括建立一些理论框架等等，也包括一些很难的问题像狄拉克 (Dirac) 系统，他都有一些开创性的工作. 今天我们很高兴他来报告整个变分领域的面貌. 这个领域曾经跟很美的数学联系在一起，跟大数学家像欧拉、拉格朗日等等联系在一起. 让我们掌声欢迎.

报告人：感谢主持人的安排，感谢各位先生和同事的莅临，也感谢同学们前来交流. 今天的题目围绕数学所讲座的主旨展开，在变分学领域穿越一下时空，从最早 17 世纪一直穿到现在. 大概的内容是这么几个方面，一是讲一下变分原理，一是回顾一下历史，另外看看近代变分法，以及现在比较前沿的强不定问题.

摘要而言，作为自然法则，变分原理与科学技术紧密联系；作为学问，变分理论与其他学科相互激励；作为学科，变分学古老而年轻，历史悠久，发展蓬勃；作为方法，变分法是处理非线性问题的重要手段；作为研究对象，有很多前沿问题.

首先要说明，由于本人所知有限，要在短短的一个多小时内回顾如此丰富的内容，挂一漏万是自然的. 但按照主持人的意思，与大家分享一点总比什么都不谈要好. 下面是今天报告的内容.

2.1 变分原理——自然法则

唯物主义世界观认为一切物质 (事物) 都是运动的，换言之，运动是物质的存在方式，而谈到运动就联想到力与能量，记为 Φ. 一般而言，描述事物的状态在数学上以方程 $Au = N(u)$ 为手段，于是探讨事物常常表现为研究方程. 众多情形下，方程的解 u (事物的状态) 对应于能量泛函的临界点，即满足 $\nabla\Phi(u) = 0$ 的点，这就是变分. 探索事物的规律常常转化为研究能量泛函的临界点, 包括它的存在性及其各种性质等等. 难怪科学家钱伟长说力学就是变分, 数学家 I. Ekeland 说变分原理是非常一般的自然法则 (they are manifestations of very general laws of nature)[39].

举一个例子. 天上行星在力的牵引下运动, 服从开普勒方程, 其能量泛函的临界点就是行星的运动轨道. 有没有周期轨? 相互间是否发生碰撞? 研究其运动规律就是一个典型的变分问题. 有一则关于牛顿的轶事, 说一天傍晚, 牛顿在苹果树下乘凉, 忽然有一个苹果从树上掉下来, 刚好落在他身边. 牛顿觉得很奇怪, 苹果为什么掉在地下, 而不向天上飞去呢? 这启发他发现了万有引力定律. 牛顿力学就是变分这个自然法则的反映.

《国家重大科技基础设施建设中长期规划 (2012—2030)》明确了未来 20 年要以能源、生命、地球系统与环境、材料、粒子物理和核物理、空间和天文、工程技术等 7 个科学领域为重点, 加快我国重大科技基础设施建设. 这些领域有着大量的数学问题, 它们服从于变分原理这一普遍的自然法则. 例如, 粒子物理研究的所有的物体都遵守量子力学的规则, 而量子力学的两个数学方程 Schrödinger (非相对论) 和 Dirac (相对论) 系统, 它们都具有变分结构. 《中国至 2050 年重大交叉前沿科技领域发展路线图》强调提到 Hamilton 系统; 广义相对论研究中的挑战性问题: Einstein 方程、Dirac 方程、Yang-Mills 方程; 多尺度建模与计算: 典型分子体系的 Schrödinger 方程与 Dirac 方程的合适的等价或近似模型. 这些都是现代变分方法研究的一些主要问题.

一般而言, 来源于物理学、化学、生物学、经济理论、控制理论、优化理论、材料科学等等领域的许多非线性科学问题都服从变分法则. 既然众多事物遵守变分法则, 用变分方法研究它们便顺理成章.

习惯上, 人们常把数学分作两个部分: 一是着重研究数学自身的结构; 二是强调发展数学以揭示自然界的客观规律, 探讨科学、技术、经济中层出不尽的基础性问题. 粗略地说, 变分学在前者表现为无穷维分析学, 而在后者发挥出强大的作用, “The calculus of variations has over and over again proved itself to be one of the most powerful and far-reaching tools available for advancing our understanding of mathematics and its applications.”[39].

2.2 历史悠久, 激励数学发展

变分学历史悠久, 发端于 17 世纪. 1662 年, 费马提出了最小作用原理, 也叫最短时间作用原理: 光线移动的路径是需时最少的路径. 并讨论了光在逐点变化的介质中行经时其路径取极小的曲线的情形. 这是一种变分原理.

一般而言, 设定系统在两个点的状态, 即初始状态与最终状态, 经求解作用量的临界点 (或平稳点, 在该点处作用量的输出值停止增加或停止减少), 就可以知道系统在两点之间任何一点的状态.

数学上, 若以 M 记空间, $p(t)$ 记系统的广义坐标, 设 $p_1, p_2 \in M$ 与 $t_1 \leqslant t_2 \in \mathbb{R}$ 使得 $p(t_1) = p_1$, $p(t_2) = p_2$, 并用 L 记系统的拉格朗日量, 则系统作用量为

$$A(p) = \int_{t_1}^{t_2} L(p, \dot{p}, t)\,\mathrm{d}t,$$

而使作用量的一次变分为零的点, 即 $\delta A(p_0) = 0$, 就是临界点.

随着时间的推移, 变分方法在多个学科中发挥着日益有力的作用, 导致著名的 Euler-Lagrange 方程的出现. 紧密联系于物理学中的变分问题, 如 Newton 方程、Hamilton 系统、Maxwell 方程 (电磁场)、Einstein 方程 (重力场)、Yang-Mills 方程 (规范场); 几何学中的变分问题, 如: 测地线、极小曲面、调和映射等. 在 19 世纪, 变分方法活跃地应用于研究偏微分方程的解、电流分布、Riemann 映射定理等, 出现了 Schwarz 方法、Neumann 方法、Poincaré 方法, 以及 Hilbert 关于 Dirichlet 原理的描述. 在 1900 年国际数学家大会上, Hilbert 提了著名的 23 个数学问题, 其中有 3 个涉及变分方法:

- (19) 拉格朗日系统之解是否皆可解析;
- (20) 所有有边界条件的变分问题是否都有解;
- (23) 变分法的长远发展.

这 23 个问题引领着 20 世纪数学领域的发展, 变分理论相应地得益匪浅.

变分方法和其他数学学科的发展有着深刻的联系, 简单地说, 它助力经典理论, 孕育新的学科. 如: 实分析 (Lebegue 测度与积分)、泛函分析 (强、弱拓扑, 单调算子, Sobolev 空间)、偏微分方程 (椭圆型方程、存在性和正则性)、几何变分 (测地线、极小曲面、调和映射、Finsler 几何)、几何测度 (极小子流形)、变分不等式 (自由边值问题)、优化控制、大范围变分 (临界点理论、Morse 理论、Floer 同调、辛容量)、有限元方法等.

2.3　近代变分方法——临界点理论

1973 年, 以 Ambrosetti-Rabinowitz[1] 的 "山路 (mountain-pass) 定理" 为标志开始了近代变分法的飞跃式发展 —— 临界点理论. 为叙述这一定理, 先回忆所谓 Palais-Smale 条件 (简记作 (PS)). 称 Banach 空间 X 上的 C^1 光滑泛函 Φ 满足

(PS) 条件, 如果任何满足 $|\Phi(u_n)| \leqslant C$ 且 $\Phi'(u_n) \to 0$ 的序列 $\{u_n\} \subset X$ 都有收敛子列.

山路定理 设 X 是一个 Banach 空间, $\Phi \in C^1(X, \mathbb{R})$ 满足 (PS) 条件; $\Omega \subset X$ 是一个有界开集, $p_0 \in \Omega$ 和 $p_1 \notin \overline{\Omega}$ 使得

$$\alpha \equiv \inf_{x \in \partial\Omega} \Phi(x) > \max\{\Phi(p_0), \Phi(p_1)\}.$$

则 Φ 有一个临界值 $c \geqslant \alpha$.

形象地说, 某君住在一四面环山的盆地中 p_0 处, 其女友住在山外地面上 p_1 处, 君去见女可能选到这样一条道路, 其最高点 p 不高于任何连接 p_0 和 p_1 的道路的最高点. p 就可能是一鞍点 —— 既非极大也非极小的临界点.

一般而言, 临界点理论处理的对象既无上界又无下界, 即不定问题. 数学家如 A. Ambrosetti, A. Bahri, H. Berestychi, H. Brezis, 张恭庆, I. Ekeland, P.L. Lions, 龙以明, L. Nirenberg, P. Rabinowitz 等等做出了开创性引导性的工作, 其主要关注的泛函满足以下条件:

(T): (PS) 条件: $\nabla\Phi(u) = Lu + T(u)$, 其中 L 是有界线性可逆算子, $T(\cdot)$ 是(非线性) 紧映射.

其主要内容包括:

- 极大极小理论. 这是判定泛函临界值的基本手段之一. 它基于形变性质, 即若泛函在两个不同水平集之间无临界点, 那么在适当条件下, 其中一个水平集可以形变收缩到另一个去. 该理论的一般形式可陈述如下: 设 X 是一个 Banach 空间, $\Phi \in C^1(X, \mathbb{R})$ 具有形变为 $\eta \in C([0,1] \times X, X)$ 的强收缩性, Σ 是 X 的关于 η 不变的一个子集族. 令 $c = \inf_{F \in \Sigma} \sup_{x \in F} \Phi(x)$. 如果 $c \neq \pm\infty$, 则 c 不是 Φ 的临界值. 山路定理、鞍点定理及更一般的环绕定理都是极大极小理论的具体化, 被广泛应用于研究各种非线性问题的解的存在性.
- 指标理论. 设 G 是紧拓扑群, X 是 G-Banach 空间, Σ 是 X 中所有 G 不变的闭子集全体, i 是 G 指标, $\Phi \in C^1(X, \mathbb{R})$ 是 G 不变泛函且满足 (PS) 条件. 令 $\Sigma_k \equiv \{F \in \Sigma : i(F) \geqslant k\}$ 及 $c_k = \inf_{A \in \Sigma_k} \sup_{x \in A} \Phi(x)$. 如果有 $-\infty < c \equiv c_{k+1} = \cdots = c_{k+m} < \infty$, 则 $i(K_c) \geqslant m$, 其中 $K_c = \{x \in X : \Phi(x) = c, \Phi'(x) = 0\}$, 因此 Φ 至少有 m 个不同的临界点. Z_p 指标及 S^1 指标是典型的指标理论. Lusternik-Schnirelman 畴数也可视为特殊的指标理论. 此外, 所谓伪指标、相对畴数等理论也相当丰富. 指标理论是研究非线性问题解的多重性的强有力的变分方法.
- Morse 理论. 揭示泛函的临界点的性态如何影响其水平集的变化. 基本内容包括: 对孤立临界点赋予一系列同调群以描写泛函在孤立临界点附近的行为,

从而建立 Morse 不等式、Morse 引理以及胞腔粘合定理等. 利用 Morse 理论, 人们建立了诸如三解定理、分歧定理、渐近线性算子方程非平凡解的判定, 以及用卡积判定临界点个数的极大极小定理等.

其典型应用如:

- 有界区域 $\Omega \subset \mathbb{R}^n$ 上的椭圆边值问题;
- 经典 Hamilton 系统的周期解;
- $\mathbb{R} \times \Omega$ 上的波方程、梁方程的周期解等.

其标志性工作如:

- 山路定理. 如前所说这是临界点理论的发端性工作, 是由 A. Ambrosetti 和 P. Rabinowitz 共同于 1973 年发表的[1]. 其更一般的推广如环绕定理等则可参见 V. Benci 和 P. Rabinowitz 的文章[8].
- Hamilton 系统周期解. 1978 年, Rabinowitz[44] 发展并应用临界点理论首次证明一阶非自治超二次 Hamilton 系统的周期解的存在性与多重性. 这是令人兴奋的结果, 一定程度上革除了之前一些人小觑变分法的偏见, 让人们进一步认知临界点理论对于理解自然界的重要作用, 掀起了研究临界点理论的高潮, 吸引了众多的数学研究工作者投入其中, 出现这一领域的黄金时期.
- 对偶变分法. 1978, H. Brezis 和 L. Nirenberg 合作发表文章[9], 提出对偶变分方法并用以研究非线性波方程的周期解的存在性. 这一方法利用单调非线性条件, 把具有无穷重孤立特征值的半线性问题转化为山路型泛函的临界点问题, 结合山路定理与单调性分析研究解的存在性. 被人们推广研究诸如非线性梁方程等的周期解.
- 无穷维 Morse 理论及其应用. 1981 年, 张恭庆发展应用无穷维 Morse 理论研究渐近线性椭圆边值问题. 随后他以同调类的极大极小原理为基础, 把许多临界点定理纳入无穷维 Morse 理论, 使几种不同理论在这里汇合交织形成一个强有力的理论框架, 由此发现了几个新的重要的临界点定理[10]. 在此期间, 李树杰和刘嘉荃引入了局部环绕条件, 使无穷维 Morse 理论进一步深化并得到更广泛的应用.
- 集中紧性原理. 1984 年, P.L. Lions[41] 发现了这一原理. 在适当的条件下, 这一原理与极大极小方法相结合, 可有效地处理那些不满足 (PS) 条件的泛函的 (非平凡) 临界点问题, 特别是涉及无界区域上的微分方程的非平凡解的存在性问题.
- 摄动对称方法. 20 世纪 80 年代, A. Bahri 与 H. Berestycki[2] 研究受迫振动 Hamilton 系统的周期解及 P. Rabinowitz[45] 研究摄动对称椭圆边值问题时形成了这一方法. 假设泛函可表示为 $\Phi(u) = \Phi_0(u) + R(u)$, 其中 $\Phi_0(u)$ 是 G 不

变的且有多个临界点, 而 $R(u)$ 非 G 不变. 在合适条件下应用这种方法可以证明 $\Phi(u)$ 仍保持有多个临界点.

- 辛道路的指标迭代理论. 20 世纪 90 年代, 龙以明系统地建立了辛道路的指标迭代理论, 解决了指标迭代中的基本问题, 即给定初始指标和迭代次数精确计算任意次迭代指标问题, 并成功地将其应用于非线性哈密顿系统的研究及证明紧凸超曲面闭特征的多重性与稳定性定理等[42].

2.4 强不定问题的变分方法

时间来到 20 世纪 90 年代, 人们把极大的注意力聚焦于无界区域上的变分问题: 不同于条件 (T), 不满足 (PS) 条件, $T(\cdot)$ 非紧.

考虑方程:

$$A(u) = N(u), \quad u \in H, \tag{1}$$

其中, H 是 Hilbert 空间, A 是 (无界) 自共轭算子, $N(u) = \nabla\Psi(u)$ 是 (非线性) 梯度映射. 形式上以 $\Phi(u) = \frac{1}{2}(Au, u) - \Psi(u)$ 记其对应的能量泛函. 称方程 (1) 是不定的, 如果 Φ 既无上界又无下界. 下面我们称 (1) 是强不定的, 如果 A 的谱上下方均是含有本质谱的无穷集, 且 $N(u)$ 是非紧映射. 例如:

- 经典 Hamilton 系统的同宿与异宿轨问题; $J\dot{z} = H_z(t, z)$, 使当 $|t| \to \infty$ 时 $z(t) \to z_0$, 其中 z_0 是 Hamiltonian H 的驻点, J 记 $\mathbb{R}^{2n}$ 上的标准辛结构, 即对所有 $z = (p, q) \in \mathbb{R}^n \times \mathbb{R}^n$ 成立 $J(p, q) = (q, -p)$.
- Schrödinger 方程 $(-\mathrm{i}\nabla + B(x))^2 u + V(x)u = g(x, u)$, 其中 $V(x)$ 可变号或周期地依赖于 $x \in \mathbb{R}^n$.
- $\mathbb{R}^n$ 上的扩散系统:

$$\begin{cases} \partial_t u + \vec{b}(x) \cdot \nabla_x u - \Delta_x u + V(x)u = H_v(t, x, u, v), \\ -\partial_t v - \vec{b}(x) \cdot \nabla_x v - \Delta_x v + V(x)v = H_u(t, x, u, v). \end{cases}$$

- Dirac 方程:

$$-\mathrm{i}\hbar\partial_t\psi = \mathrm{i}c\hbar\sum_{k=1}^{3}\alpha_k\partial_k\psi - mc^2\beta\psi - M(x)\psi + G_\psi(x, \psi),$$

其中 $\hbar$ 是 Planck 常数, $\alpha_1, \alpha_2, \alpha_3$ 及 β 是 4×4 Pauli-Dirac(复数) 矩阵. 形如 $\psi(t, x) = \mathrm{e}^{\mathrm{i}\lambda t/\hbar}u(x)$ 的解称作稳态解. 显然 $u : \mathbb{R}^3 \to \mathbb{C}^4$ 满足强不定稳态方程:

$$-\mathrm{i}\hbar\sum_{k=1}^{3}\alpha_k\partial_k u + m\beta u + V(x)u = g(x, u). \tag{2}$$

近年来我们主要研究强不定问题的变分方法, 形成了有特色且系统的工作. 该理论由两部分组成, 即强不定问题的变分框架、局部凸拓扑线性空间的形变理论, 分别介绍如下 [3–7,11–38,46–49]:

(A) 强不定问题的变分框架. 变分原理 (或变分框架, 即把问题的解转化为泛函的临界点), 这是变分方法应用的基础.

变分学初期 (17 世纪) 主要研究极值问题, 变分框架是明显的 (直接方法).

相当时期的变分原理工作大都是凑出来的, 即先写出泛函, 再取驻值验证, 每个新原理的出现都是一项重要成果.

科学家钱伟长的一项重要成就是对广义变分原理的研究, 把约束条件利用拉格朗日乘子引入泛函, 从而放松条件, 得到广义化的变分原理.

始于 20 世纪 70 年代的临界点理论大都是处理椭圆边值问题 (用分部积分建框架) 或周期解问题 (基于成熟的特征值和特征函数理论建框架).

从 1990 年代中期始, 我们致力于建立强不定问题的一般变分框架. 当初外访时, 碰到许多人提这个问题, 就是有没有好的办法, 把复杂问题的变分框架建立出来, 之后看看对应泛函有一些什么样的共性, 我们要发展什么样的理论来进行处理. 从此我们就一直考虑这类问题. 我们最早利用算子插值理论建立非凸非自治经典 Hamilton 系统同宿轨的变分框架, 随后建立起非线性 Dirac 方程、发散系统等的变分框架, 推动了对这些方程和系统的研究, 得到了一系列深刻的结果. 我们建立框架的原理可粗略叙述如下. 考虑方程 (1). 由 A 的谱导出正交分解:

$$H = H^- \oplus H^0 \oplus H^+, \quad u = u^- + u^0 + u^+.$$

令 $E = D(|A|^{\frac{1}{2}})$, 赋以内积 $(u,v)_E = (|A|^{\frac{1}{2}}u, |A|^{\frac{1}{2}}v)_H + (u^0, v^0)_H$, 相应地导出正交分解: $E = E^- \oplus E^0 \oplus E^+$, 其中 $E^\pm = E \cap H^\pm$, $E^0 = H^0$. 这个分解的优势在于它关于 E 的内积和 H 的内积都是正交的. 在 E 上定义泛函

$$\Phi(u) = \frac{1}{2}(\|u^+\|_E^2 - \|u^-\|_E^2) - \Psi(u),$$

粗略地讲 Φ 的临界点对应于方程 (1) 的解. 这一方法已成为同行研究变分问题的基本框架.

(B) 局部凸拓扑线性空间的形变理论. 临界点理论的核心是形变理论. 自 1973 年 “山路定理” 发表以来, 相当长时期内人们研究问题 (1) 主要考虑: a) $\sigma(A)$ 只含特征值; b) $N(\cdot)$ 是紧映射. 对这种情形应用 Banach 空间的形变理论与 Leray-Schauder 度的结合可解决所谓的相交性问题, 从而成功地建立许多临界点定理. 然而面对强不定问题, a) 和 b) 都不满足, 这就需要新的思路. 我们 (与合作者 T. Bartsh, A. Szulkin, M. Willem 等) 把困难转移到空间的拓扑结构上去, 利用弱

的拓扑发展新方法, 因之建立了规度空间 (gage space) 中的形变理论 (所谓规度空间是指二元对 (X,D), 其中 X 代表集合, D 代表一族饱和的半距离). 我们首次引入规度空间上的 Lipschitz 连续的单位分解, 这对于构造伪梯度向量场, 进而建立各种所需的形变理论是很重要的. 由此建立起规度空间上的泛函的水平集的形变理论, 得到了多种不同临界点定理. 这些定理对于处理强不定问题是很有效的. 强调地说, 这里的核心就是把泛函的水平集 (无穷维流形) 连续地形变到有穷维空间中去, 从而避开某些紧性条件 (如所谓 $(PS)^*$ 条件、Galerkin 逼近讨论等). 举例来说, 应用 "环绕定理" 时, 要考虑定义于某个流形 Q(无穷维、有界闭凸集) 上的连续映射的像集与到另一个与 ∂Q 环绕但不相交的流形 S(无穷维) 的相交性, 关键是要找一类关于形变封闭的这种映射 h 使得 $h(Q)\cap S$ 非空. 当泛函满足条件 (T) 时, 这可利用距离空间上的形变理论加上 Leray-Schauder 度得到. 如果 (T) 不成立时怎么办? 注意到自反 Banach 空间中的有界闭凸集是弱紧的, 一般而言局部凸拓扑线性空间的形变理论就可以帮助实现.

2.5 非线性 Dirac 系统

作为强不定问题变分理论的应用, 这里介绍关于非线性 Dirac 系统研究的一些工作.

非线性 Dirac 方程已被广泛用于建立非线 Dirac 场的粒子的相对论模型, 不同的函数被用以模拟各类自耦合, 其稳态方程的一般形式如 (2). 它的重要性如前所说. 关于该系统多方面在变分学中 "具有挑战性" 可参见文献 [40] : The nonlinear Dirac equation "poses a challenge in the calculus of variations". 究其原因主要是因为 Dirac 算子具有上方与下方均无界的本质谱, 空间 $\mathbb{R}^3$ 上的 Sobolev 嵌入是非紧的, 从而是典型的强不定问题.

若该系统是自治的, 换言之, (2) 中外力场 V 和 g 都不依赖于空间变量 x, M. Balabane, T. Cazenave, A. Douady, F. Merle, L. Vazquez 等 (1986, 1988, 1990) 研究了所谓 Soler 模型, 由于此模型的特殊性, (2) 等价于常微分方程组, 使得他们成功地应用打靶法进行研究; M. Esteban 和 E. Séré [40] 等首次用变分法处理 Soler 模型及一般的超线性自治系统.

若该系统是周期的, 换言之, V 和 g 周期地依赖于空间变量 x, 基于强不定变分方法, 与 T. Bartsch 合作, 我们处理了此类非自治系统[4].

若该系统是非自治非周期的, 基于强不定变分方法, 与 B. Ruf, 魏军城合作, 我们分别获得了关于渐近线性[26]、超线性[30] 特别是涉及 Coulomb 位势的结果.

此后, 我们集中精力考虑非线性 Dirac 系统 (2) 的半经典问题. 当 $\hbar$ 充分小

时其解 (孤立波) 称为半经典状态. 描述量子力学与经典力学的联系, 孤立波的存在具有重要的物理意义. 文献中已有大量关于非线性 Schrödinger 方程的半经典解的存在性和集中现象. 人们自然关心可否对非线性 Dirac 方程建立类似的结果, 这在数学上是十分困难但很有意义的问题. 我们于 2010 年突破性地研究了非线性 Dirac 方程的半经典解的存在性和集中现象[14]. 随后, 与合作者一起获得了进一步深入的结果[22, 23, 25, 35]. 此外, 我们还研究了 Maxwell-Dirac 系统[33, 38]:

$$
\begin{cases}
\displaystyle\sum_{k=1}^{3} \alpha_k\big(\mathrm{i}\hbar\partial_k + q(x)a_k(x)\big)w - a\beta w - \omega w - q(x)\phi(x)w = f(x,|w|)w,\\
-\Delta\phi = q(x)|w|^2,\\
-\Delta a_k = q(x)(\alpha_k w)\cdot\bar{w}, \quad k=1,2,3
\end{cases}
$$

以及 Dirac-Klein-Gordon 系统[34]:

$$
\begin{cases}
\displaystyle\mathrm{i}\hbar\sum_{k=1}^{3} \alpha_k\partial_k w - a\beta w + \omega w - \lambda\phi(x)\beta w = f(x,|w|)w,\\
-\hbar^2\Delta\phi + m\phi = 4\pi\lambda(\beta w)\cdot\bar{w}
\end{cases}
$$

的半经典解的存在性和集中现象.

2.6　几个相关问题

最后, 按照做学术报告的惯例, 这里也对今天来的同学们提几个相关的问题:

(1) 在强不定框架下统一处理无穷维 Hamilton 系统 (变分、动力学现象等);

(2) 强不定泛函的 Morse 理论;

(3) 深入研究规度空间正规性, 探讨其对形变理论的作用;

(4) 利用规度拓扑处理一般紧李群作用下不变的强不定泛函的临界点理论;

(5) 非线性 Dirac 系统的整体解与爆破现象.

这些问题是费思量的, 不可能一蹴而就. 但只要你有所突破, 或者说形成系统的工作, 建立的理论就是你的贡献, 得到同行的认可. 对同学们而言, 做学问有三要点: 第一, 拿来主义; 第二, 不耻下问; 第三, 自力更生. 数理天地广阔无垠, 不作为寸步难行. 大门常对勤奋者敞开, 观沧海当站高处, 看无限风光在险峰:

看似无情实有意,
无边无际任尔行.
限足不前空悲戚,
风中展翅方豪情.

光芒常是穿云出,
在居荒野引鸟鸣.
险山自有仙飘渺,
峰巅放歌当世惊.

谢谢大家!

主持人: 谢谢丁教授准备非常精心的一个报告, 内容也非常丰富, 有他自己的感悟和深思的问题, 在这个地方我们也看到变分学历史悠久, 它的应用也非常广泛, 在这里我们看到一些最新的进展, 比如说强不定问题的变分方法, 以及丁教授在这个过程中的探索历程. 在这里你可以看到有自己的理论非常好, 可能跟现在时下有自己的房子感觉很好一样. 但是在这里也提出了很多的问题, 我想这些问题都非常吸引人, 趁这个机会我们应该多问他一些问题, 现在请大家提问.

(略)

参考文献

[1] Ambrosetti A, Rabinowitz P. Dual variational methods in critical point theory and applications. J. Funct. Anal., 1973, 14: 349-381.

[2] Bahri A, Berestycki H. Forced vibrations of superquadratic Hamiltonian systems. Acta Math., 1984, 152: 143-197.

[3] Bartsch T, Ding Y. Deformation theorems on non-metrizable vector spaces and applications to critical point theory. Math. Nachr., 2006, 279: 1267-1288.

[4] Bartsch T, Ding Y. Solutions of nonlinear Dirac equations. J. Differential Equations, 2006, 226: 210-249.

[5] Bartsch T, Ding Y. Homoclinic solutions of an infinite-dimensional Hamiltonian system. Math. Z., 2002, 240: 289-310.

[6] Bartsch T, Ding Y. On a nonlinear Schrödinger equation with periodic potential. Math. Ann., 1999, 313: 15-37.

[7] Bartsch T, Ding Y, Lee C. Periodic solutions of a wave equation with concave and convex nonlinearities. J. Differential Equations, 1999, 153: 121-141.

[8] Benci V, Rabinowitz V. Critical point theorems for indefinite functionals. Invent. Math., 1979, 52: 241-273.

[9] Brézis H, Nirenberg L. Forced vibrations for a nonlinear wave equation. Comm. Pure Appl. Math., 1978, 31: 1-30.

[10] Chang K. Infinite-dimensional Morse Theory and Multiple Solution Problems. Progress in Nonlinear Differential Equations and their Applications, 6. Boston, MA: Birkhäuser Boston, Inc., 1993: x+312 pp.

[11] De Figueiredo D, Ding Y. Strongly indefinite functionals and multiple solutions of elliptic systems. Trans. Amer. Math. Soc., 2003, 355: 2973-2989.

[12] Ding Y. Variational Methods for Strongly Indefinite Problems. Interdisciplinary Mathematical Sciences, Vol. 7. World Sci. Publ., 2007.

[13] Ding Y. Multiple homoclinics in a Hamiltonian system with asymptotically or super linear terms. Commun. Contemp. Math., 2006, 8: 453-480.

[14] Ding Y. Semi-classical ground states concentrating on the nonlinear potential for a Dirac equation. J. Differential Equations, 2010, 249: 1015-1034.

[15] Ding Y. Deformation in locally convex topological linear spaces. Sci. China Ser. A, 2004, 47: 687-710.

[16] Ding Y, Jeanjean L. Homoclinic orbits for a nonperiodic Hamiltonian system. J. Differential Equations, 2007, 237: 473-490.

[17] Ding Y, Lee C. Existence and exponential decay of homoclinics in a nonperiodic superquadratic Hamiltonian system. J. Differential Equations, 2009, 246: 2829-2848.

[18] Ding Y, Lee C. Multiple solutions of Schrödinger equations with indefinite linear part and super or asymptotically linear terms. J. Differential Equations, 2006, 222: 137-163.

[19] Ding Y, Lee C. Periodic solutions of Hamiltonian systems. SIAM J. Math. Anal., 2010, 32: 555-571.

[20] Ding Y, Lin F. Solutions of perturbed Schrödinger equations with critical nonlinearity. Calc. Var. Partial Differential Equations., 2007, 30: 231-249.

[21] Ding Y, Liu X. Semiclassical solutions of Schrödinger equations with magnetic fields and critical nonlinearities. Manuscripta Math., 2013, 140: 51-82.

[22] Ding Y, Liu X. On semiclassical ground ststes of a nonlinear Dirac equation. Rev. Math. Phys., 2012, 24: 1250029 (25 pp.).

[23] Ding Y, Liu X. Semi-classical limits of ground states of a nonlinear Dirac equation. J. Differential Equations, 2012, 252: 4962-4987.

[24] Ding Y, Luan S. Multiple solutions for a class of nonlinear Schrödinger equations. J. Differential Equations, 2004, 207: 423-457.

[25] Ding Y, Ruf B. Existence and concentration of semiclassical solutions for Dirac equations with critical nonlinearities. SIAM J. Math. Anal., 2012, 44: 3755-3785.

[26] Ding Y, Ruf B. Solutions of a nonlinear Dirac equation with external fields. Arch. Ration. Mech. Anal., 2008, 190: 57-82.

[27] Ding Y, Szulkin A. Bound states for semilinear Schrödinger equations with sign-changing potential. Calc. Var. Partial Differential Equations, 2007, 29: 397-419.

[28] Ding Y, Tanaka K. Multiplicity of positive solutions of a nonlinear Schrödinger equation. Manuscripta Math., 2003, 112: 109-135.

[29] Ding Y, Wang Z. Bound states of nonlinear Schrödinger equations with magnetic fields. Ann. Mat. Pura Appl., 2011, 190(4): 427-451.

[30] Ding Y, Wei J. Stationary states of nonlinear Dirac equations with general potentials. Rev. Math. Phys., 2008, 20: 1007-1032.

[31] Ding Y, Wei J. Semiclassical states for nonlinear Schrödinger equations with sign-changing potentials. J. Funct. Anal., 2007, 251: 546-572.

[32] Ding Y, Willem M. Homoclinic orbits of a Hamiltonian system. Z. Angew. Math. Phys., 1999, 50: 759-778.

[33] Ding Y, Xu T. On semi-classical limits of ground states of a nonlinear Maxwell-Dirac system. Calc. Var. Partial Differential Equations, 2014, 51: 17-44.

[34] Ding Y, Xu T. On the concentration of semi-classical states for a nonlinear Dirac-Klein-Gordon system. J. Differential Equations, 2014, 256: 1264-1294.

[35] Ding Y, Lee C, Ruf B. On semiclassical states of a nonlinear Dirac equation. Proc. Roy. Soc. Edinburgh Sect. A, 2013, 143: 765-790.

[36] Ding Y, Li S. M. Willem: Periodic solutions of symmetric wave equations. J. Differential Equations, 1998, 145: 217-241.

[37] Ding Y, Lee C, Zhao F. Semiclassical limits of ground state solutions to Schrödinger systems. Calc. Var. Partial Differential Equations, 2013, DOI 10.1007/s00526-013-0693-6.

[38] Ding Y, Wei J, Xu T. Existence and concentration of semi-classical solutions for a nonlinear Maxwell-Dirac system. J. Math. Phys., 2013, 54: 061505, 33 pp.

[39] Ekeland I, Ghoussoub N. Selected new aspects of the calculus of variations in the large. Bull. AMS, 2002, 39: 207-265.

[40] Esteban M, Lewin M, Séré E. Variational methods in relativistic quantum mechanics. Bull. AMS, (N.S.), 2008, 45: 535-593.

[41] Lions P L. The concentration-compactness principle in the calculus of variations. The locally compact case. I & II. Ann. Inst. H. Poincaré Anal. Non Linéaire 1, 1984, 2: 109-145 & 4: 223-283.

[42] Long Y. Index Theory for Symplectic Paths with Applications. Progress in Mathematics, 207. Birkhäuser Verlag, Basel, 2002: xxiv+380 pp.

[43] Mawhin J, Willem M. Critical Point Theory and Hamiltonian Systems. Applied Mathematical Sciences, 74. New York: Springer-Verlag, 1989: xiv+277 pp.

[44] Rabinowitz P. Periodic solutions of Hamiltonian systems. Comm. Pure Appl. Math., 1978, 31: 157-184.

[45] Rabinowitz P. Multiple critical points of perturbed symmetric functionals. Trans. Amer. Math. Soc., 1982, 272: 753-769.

[46] Yang M, Ding Y. Existence of semiclassical states for a quasilinear Schrödinger equation with critical exponent in $\mathbb{R}^N$. Ann. Mat. Pura Appl., 2013, 192(4): 783-804.

[47] Yang M, Wei Y, Ding Y. Existence of semiclassical states for a coupled Schrödinger system with potentials and nonlocal nonlinearities. Z. Angew. Math. Phys., 2014, 65:

41-68.

[48] Zhao F, Ding Y. On Hamiltonian elliptic systems with periodic or non-periodic potentials. J. Differential Equations, 2010, 249: 2964-2985.

[49] Zhao F, Zhao L, Ding Y. Multiple solutions for a superlinear and periodic elliptic system on $\mathbb{R}^N$. Z. Angew. Math. Phys., 2011, 62: 495-511.

3 代数曲线的模空间介绍

周 坚

传统上人们把纯数学分为以下三大部分：数论与代数、几何与拓扑、分析与方程. 但是这种划分是人为的, 数学本身是一个统一的整体, 将它分割为一些子领域是数学各方向高度发展以后的自然结果, 反映了对特定的问题的主要研究方法有时主要是代数的, 有时主要是分析的, 有时主要是几何的. 对于有些问题的研究, 其侧重点也常常会发生变化, 有些有趣的进展恰好发生于不同领域的交叉. 数学的不同分支之间的交叉融合, 在数学发展的早期是个自然的现象, 但是随着数学知识的大量积累, 了解不同分支的专业知识越来越困难, 寻求不同分支之间的联系并不总是数学的主题, 而更多的是偶然发生的. 作为对比, 追求不同理论之间的统一, 在理论物理中是个终极的目标. 受到数学物理 (特别是规范场论和超弦理论) 的影响和启发, 数学中近几十年也发生了很多学科交叉的现象. 本文介绍与代数曲线的模空间有关的不同数学分支之间的联系的一些数学结果, 它是作者在中国科学院数学研究所做的一个报告的扩充.

代数曲线模空间历史很悠久, 研究内容和方法非常丰富, 远远超出本文所提到的, 而且作者了解得有限, 只能从个人比较熟悉的角度或者说是作者有研究结果的那些方面来讲, 所以本文肯定是不全面的, 只能看作某个侧面的简介.

本文主要介绍以下三方面内容之间的一些联系： 代数曲线的Deligne-Mumford 模空间上的相交数、可积方程族、表示论. 具体的内容安排如下：从第 3.1 节到第 3.5 节, 我们介绍一些概念和基础知识, 包括代数曲线的模空间、KdV 方程族、KP 方程族和它们的 τ 函数、对称函数与表示论、波色 (boson)- 费米 (fermion) 对应等等; 在第 3.6 和 3.7 节我们介绍关于代数曲线的模空间的拓扑的一些结果, 集中在与 Witten 猜想和 Mariño-Vafa 猜想相关的工作上.

3.1 代数曲线的模空间

本节简单介绍代数曲线的 Deligne-Mumford 模空间和这些空间上一些自然定义的向量丛的陈类的相交数. 为了更好地理解研究这些相交数的一些工具, 我们与经典的 Grassmann 流形的上同调理论做了一些类比.

3.1.1 代数曲线

本文的代数曲线均是复数域上的 (完备) 代数曲线. 简单地讲, 代数曲线是用代数方程定义的一维的几何对象, 我们可以把它理解成复射影空间中一族齐次多项式的零点集. 光滑的代数曲线实际上是一个黎曼面, 反过来黎曼面实际上都是代数曲线. 这个结果的证明要用小平邦彦 (Kodaira) 的嵌入定理, 还要用周炜良的定理：射影空间里解析定义的子流形一定是代数子流形, 即它一定是可以用代数方程去定义的. 所以这就说明, 复射影空间中解析的和代数的几何对象实际上是一样的东西. 这就给我们提供了看问题的不同角度, 我们可以从代数几何的角度来考虑, 也可以用复分析角度来考虑.

3.1.2 黎曼面的拓扑分类

我们先从比较简单的黎曼面的角度来看这个问题, 首先考虑黎曼面的分类. 如果我们把黎曼面看成紧的定向的二维的光滑流形的话, 从古典的拓扑学结果知道, 黎曼面可以用它们的亏格来分类为球面、环面, 或者是若干个环面的连通和. 简单来讲, 用到的环面的个数就是它的亏格, 记作 g. 亏格可以用代数拓扑来定义. 对每一个黎曼面, 考虑它的一个三角剖分, 其顶点数减掉棱数再加上面数就得到一个拓扑不变量, 叫做欧拉数, 它正好等于 $2-2g$. 这是拓扑里面基本的结果. 也可以用这个剖分定义黎曼面的同调群, 一阶同调群的秩正好是 $2g$. 还有一个事实是黎曼面上的全纯微分构成的向量空间的维数正好是 g.

3.1.3 黎曼面的复结构分类

用亏格可以分类黎曼面的拓扑结构, 不能完全分类其复结构. 如果考虑黎曼面的复结构的分类, 我们首先要讲两个黎曼面在什么意义下面是同构的. 两个黎曼面 Σ_1 和 Σ_2 之间的一个同构是指一个双全纯的映射 $f:\Sigma_1\to\Sigma_2$ (双全纯指的是 f 和 f^{-1} 都是全纯的). 在双全纯等价下的分类问题就变得有趣多了, 丰富多了, 原来拓扑分类只要看一个不变量就完全决定了, 亏格相同, 拓扑结构同构, 但是复结构不一定就是同构的. 简单地说, 这些不同的复结构构成的集合有很好的结构, 类似于复流形, 它们是黎曼面或代数曲线的模空间.

3.1.4 带标记点的黎曼面的模空间

我们先看看最简单的亏格为零的情形. 我们知道, 每个亏格为零的黎曼面都同构于一维复射影空间, 就是黎曼球, 或者说是把复平面加上无穷远点. 但是这个同构并不是唯一的, 因为我们知道, 黎曼球上面实际上有很多的自同构. 事实上, $\mathrm{Aut}(\mathbb{P}^1)=\mathrm{PSL}(2,\mathbb{C})$ 通过 Möbius 变换作用在 $\mathbb{P}^1$ 上

$$\begin{pmatrix} a & b \\ c & d \end{pmatrix} \cdot z = \frac{az+b}{cz+d}.$$

所以给定任一同构 $f : \Sigma \to \mathbb{P}^1$ 及 $g \in \mathrm{PSL}(2,\mathbb{C})$, 可以得到另一个同构 $g \circ f : \Sigma \to \mathbb{P}^1$:

$$\begin{array}{ccc} \Sigma & \xrightarrow{f} & \mathbb{P}^1 \\ & \searrow^{g\circ f} & \downarrow g \\ & & \mathbb{P}^1 \end{array}$$

为了避免这样的麻烦, 我们考虑另一个问题：分类四元组 $(\Sigma; x_1, x_2, x_3)$, 其中 Σ 是一个亏格 0 的黎曼面, 而 x_1, x_2, x_3 是 Σ 上三个不同的点. 此时有唯一的同构 $f : (\Sigma; x_1, x_2, x_3) \to (\mathbb{P}^1; 0, 1, \infty)$. 上面的问题可做如下的推广：对 $g \geqslant 0, n \geqslant 0$, 考虑 $(\Sigma; x_1, \cdots, x_n)$, 其中 Σ 是一个亏格 $g(\Sigma) = g$ 的黎曼面, $x_1, \cdots, x_n$ 是 Σ 上 n 个不同的标记点. 两个这样的对象 $(\Sigma; x_1, \cdots, x_n) \sim (\Sigma'; x_1', \cdots, x_n')$ 当且仅当存在一个双全纯映射 $f : (\Sigma; x_1, \cdots, x_n) \to (\Sigma'; x_1', \cdots, x_n')$. 定义 $(\Sigma; x_1, \cdots, x_n)$ 的自同构群为

$$\begin{aligned} \mathrm{Aut}(\Sigma; x_1, \cdots, x_n) := \{ & f : (\Sigma; x_1, \cdots, x_n) \to (\Sigma; x_1, \cdots, x_n) \mid \\ & f \text{ 是双全纯的} \}. \end{aligned}$$

当 $2g - 2 + n > 0$ 时, 可见 $\mathrm{Aut}(\Sigma; x_1, \cdots, x_n)$ 是个有限群.

粗略地说, 当 $2g-2+n > 0$ 时, 带 n 个标记点的亏格为 g 的黎曼面模空间是

$$\mathcal{M}_{g,n} := \{(\Sigma; x_1, \cdots x_n) : \ g(\Sigma) = g\}/\sim.$$

为了理解这个空间, 我们下面先看一些例子.

3.1.5 亏格为 0 的代数曲线的模空间

当 $g = 0$ 时, 必须 $n \geqslant 3$ 才能保证 $2g - 2 + n > 0$:

$$\mathcal{M}_{0,n} := \{(\Sigma; x_1, \cdots, x_n) : \ g(\Sigma) = 0\}/\sim, \quad n \geqslant 3.$$

我们已经提到, $\mathcal{M}_{0,3}$ 仅有一个点：$(\mathbb{P}^1; 0, 1, \infty)$, 由此可以看出

$$\mathcal{M}_{0,4} \cong \mathbb{P}^1 - \{0, 1, \infty\}.$$

一般地,

$$\begin{aligned} \mathcal{M}_{0,n} \cong \{ & (y_1, \cdots, y_{n-3}) \in (\mathbb{P}^1 - \{0,1,\infty\})^{n-3} : \\ & y_i \neq y_j, \forall 1 \leqslant i < j \leqslant n-3 \}. \end{aligned}$$

特别地, $\mathcal{M}_{0,n}$ 上有一个非紧 $(n-3)$ 维复流形的结构.

3.1.6 亏格 1 的情形

设 $g(\Sigma)=1$. 则有 $\dim H^0(\Sigma,\omega_\Sigma)=1$, 故在 Σ 上有一个非平凡的全纯 1- 形式 ω. 取 $H_1(\Sigma;\mathbb{Z})$ 的一个辛基 (symplectic basis)α,β, 它们由交于某一给定点 x_1 的两条简单闭曲线代表. 令

$$\omega_1=\int_\alpha\omega,\quad \omega_2=\int_\beta\omega,\quad L=\mathbb{Z}\omega_1\oplus\mathbb{Z}\omega_2,$$

则 $\mathbb{C}/L$ 是一个亏格为 1 的黎曼面, 而 $[0]$ 给定了其上的一个标记点. 如下定义一个同构映射 $f:(\Sigma;x_1)\to(\mathbb{C}/L,[0])$: 对 $x\in\Sigma$, 任选一条从 x_1 到 x 的光滑道路 γ, 令

$$f(x)=\left[\int_\gamma\omega\right].$$

记 $\tau=\dfrac{\omega_1}{\omega_2}$. 则 $\tau\in\mathcal{H}=\{z=x+y\mathrm{i}\in\mathbb{C}:\ y>0\}$. 如果选取另一个辛基 $\{\alpha',\beta'\}\subset H_1(\Sigma;\mathbb{Z})$, 则有一个整系数矩阵 $\begin{pmatrix}a & b\\ c & d\end{pmatrix}\in\mathrm{SL}_2(\mathbb{Z})$, 使得

$$\alpha'=a\alpha+b\beta,\quad \beta'=c\alpha+d\beta,$$

故有

$$\tau'=\frac{a\tau+b}{c\tau+d}.$$

以上的讨论导致如下的结果:

$$\mathcal{M}_{1,1}\cong\mathrm{SL}_2(\mathbb{Z})\backslash\mathcal{H}.$$

模空间 $\mathcal{M}_{1,1}$ 不再是一个光滑流形, 它是一个光滑的轨形 (orbifold). 这是因为在 $\mathcal{H}$ 上的 $\mathrm{SL}_2(\mathbb{Z})$ 作用对不同的点有不同的稳定子群. 对于一个一般的点 $\tau\in\mathcal{H}$, 稳定子群就是 $\left\{\pm\begin{pmatrix}1 & 0\\ 0 & 1\end{pmatrix}\right\}$. 但是对于 $\tau=\mathrm{i}$, 稳定子群是

$$\left\{\pm\begin{pmatrix}1 & 0\\ 0 & 1\end{pmatrix},\pm\begin{pmatrix}0 & 1\\ -1 & 0\end{pmatrix}\right\};$$

对于 $\tau=\xi_3=\mathrm{e}^{2\pi\mathrm{i}/3}$, 稳定子群是

$$\left\{\pm\begin{pmatrix}1 & 0\\ 0 & 1\end{pmatrix},\pm\begin{pmatrix}0 & 1\\ -1 & -1\end{pmatrix},\pm\begin{pmatrix}-1 & -1\\ 1 & 0\end{pmatrix}\right\}.$$

关于 $\mathcal{M}_{1,1}$ 的研究与模形式的研究密切相关.

我们已经看出 $\mathcal{M}_{1,1}$ 是一个非紧的复 1 维光滑轨形, 不难看出 $\mathcal{M}_{1,n}$ 是一个非紧的复 n 维光滑轨形. 轨形的概念是流形概念的一个简单的推广. 每一个光滑流形由欧氏空间中的开集粘接得到, 而每一个光滑轨形由欧氏空间中的开集在有限群作用下的轨道空间粘接得到.

3.1.7 亏格 $g > 1$ 的黎曼面的模空间

当 $g(\Sigma) > 1$ 时, $\mathrm{Aut}(\Sigma)$ 是一个有限群. $\mathcal{M}_{g,n}$ 是一个非紧的复 $3g-3+n$ 维光滑轨形. 局部地, 在 $[(\Sigma; x_1, \cdots, x_n)]$ 附近, 这个空间可等同于 $\mathbb{C}^{3g-3+n}/\mathrm{Aut}(\Sigma; x_1, \cdots, x_n)$ 的某个开集. 这种轨形结构的来源是由于相同亏格的黎曼面可以有不同的自同构群.

也可以从 Teichmüller 空间和映射类群 (mapping class groups) 的观点来研究模空间 $\mathcal{M}_{g,n}$. 记 $\mathcal{T}_{g,n}$ 为亏格 g 带 n 个标记点的黎曼面的共形等价类的 Teichmüller 空间. 黎曼面上保定向保标记点的同胚的同痕类 (isotopy classes) 在映射复合下构成一个群 $\Gamma_{g,n}$, 称为映射类群. 则有

$$\mathcal{M}_{g,n} = \mathcal{T}_{g,n}/\Gamma_{g,n}.$$

3.1.8 稳定曲线和 Deligne-Mumford 紧化

目前为止除了 $\mathcal{M}_{0,3}$, 其他模空间 $\mathcal{M}_{g,n}$ 都是非紧的. 1969 年, Deligne 和 Mumford[5] 给出了 $\mathcal{M}_{g,0}$ 当 $g > 1$ 时的一个紧化, 后来 Mumford 认识到了 $\mathcal{M}_{g,n}$ 的重要性, 与 Knudsen 给出了 $\mathcal{M}_{g,n}$ 的紧化, 这方面工作的细节在 1983 年 Knudsen 的文章[20] 中给出.

一个带标记点的稳定代数曲线是指一个满足下列条件的带标记点的代数曲线 $(\Sigma; x_1, \cdots, x_n)$:

(1) Σ 的奇点均是节点 (即二重点, double points): 在它的奇点附近由 $z_1 z_2 = 0$ 给出;

(2) $x_1, \cdots, x_n$ 是 Σ 上 n 个不同的光滑点;

(3) 自同构群 $\mathrm{Aut}(\Sigma; x_1, \cdots, x_n)$ 有限.

两个稳定曲线之间的一个同构指的是一个双全纯映射

$$f : (\Sigma; x_1, \cdots, x_n) \to (\Sigma'; x'_1, \cdots, x'_n)\}.$$

Deligne-Mumford 紧化粗略地说是

$$\overline{\mathcal{M}}_{g,n} = \{\text{稳定的 } (\Sigma; x_1, \cdots, x_n) \mid g(\Sigma) = g\}/\sim.$$

它是一个紧致的复 $3g-3+n$ 维的光滑轨形, 在 $[(\Sigma;x_1,\cdots,x_n)]$ 附近, 它局部同构于

$$\mathbb{C}^{3g-3+n}/\operatorname{Aut}(\Sigma;x_1,\cdots,x_n)$$

中的一个开集.

3.1.9　曲线模空间的边界和粘接映射

一般称 $\overline{\mathcal{M}}_{g,n}-\mathcal{M}_{g,n}$ 为 $\overline{\mathcal{M}}_{g,n}$ 的边界, 这与通常的带边流形的边界的意义是不同的, 它是一些除子 (divisor) 的并集. 首先, 如下定义 $\varphi:\overline{\mathcal{M}}_{g-1,n+2}\to\overline{\mathcal{M}}_{g,n}$: 对于 $\overline{\mathcal{M}}_{g,n+2}$ 中的 $[(\Sigma;x_1,\cdots,x_n,x_{n+1},x_{n+2})]$, 将 x_{n+1} 和 x_{n+2} 粘接起来从 Σ 得到的曲面 Σ', Σ 上原有的标记点 $x_1,\cdots,x_n$ 对应于 Σ' 上的光滑点, 仍记作 $x_1,\cdots,x_n$, 取

$$\varphi([\Sigma;x_1,\cdots,x_n,x_{n+1},x_{n+2})])=[(\Sigma';x_1,\cdots,x_n)],$$

则有 $\operatorname{Im}(\varphi)\subset\overline{\mathcal{M}}_{g,n}-\mathcal{M}_{g,n}$, 且

$$\dim\overline{\mathcal{M}}_{g-1,n+2}=\dim\overline{\mathcal{M}}_{g,n}-1,$$

$\overline{\mathcal{M}}_{g,n}-\mathcal{M}_{g,n}$ 中的其他除子可如下得到: 取 $(g_1,I_1),(g_2,I_2)$, 其中

$$\begin{aligned}&g_1+g_2=g,\\&I_1\coprod I_2=\{1,2,\cdots,n\},\\&2g_1-1+|I_1|>0,\quad 2g_2-1+|I_2|>0.\end{aligned}$$

考虑粘接映射

$$\gamma_{(g_1,I_1),(g_2,I_2)}:\overline{\mathcal{M}}_{g_1,I_1\cup\{\bullet\}}\times\overline{\mathcal{M}}_{g_2,I_2\cup\{\circ\}}\to\overline{\mathcal{M}}_{g,n},$$

$$\begin{aligned}&([(\Sigma_1;\{x_i\}_{i\in I_1}\cup\{x_\bullet\})],[(\Sigma_2;\{x_i\}_{i\in I_2}\cup\{x_\circ\})])\\\mapsto&[(\Sigma=\Sigma_1\cup_{x_\bullet=x_\circ}\Sigma_2;x_1,\cdots,x_n)].\end{aligned}$$

显然

$$\dim(\overline{\mathcal{M}}_{g_1,I_1\cup\{\bullet\}}\times\overline{\mathcal{M}}_{g_2,I_2\cup\{\circ\}})=\dim\overline{\mathcal{M}}_{g,n}-1.$$

总之

$$\overline{\mathcal{M}}_{g,n}=\mathcal{M}_{g,n}\cup\varphi(\overline{\mathcal{M}}_{g-1,n+2})\bigcup_{(g_1,I_1),(g_2,I_2)}\gamma_{(g_1,I_1),(g_2,I_2)}(\overline{\mathcal{M}}_{g_1,I_1\cup\{\bullet\}}\times\overline{\mathcal{M}}_{g_2,I_2\cup\{\circ\}}).\tag{1}$$

可以将边界继续分解, 直到将 $\overline{\mathcal{M}}_{g,n}$ 分解成一些 $\mathcal{M}_{h,m}$ 的乘积的并, 这给出了 $\overline{\mathcal{M}}_{g,n}$ 的一个分层 (stratification). 这个分解的复杂组合性质可以用图论来帮助描述. 在量子场论中, Feynman 积分的渐近展开的项也可以用一些图来代表. 这种看似肤浅的观察实际上蕴含了一个深刻的事实, 那就是可能可以用量子场论的方法研究代数曲线的模空间. 这正是这方面的研究同时受到数学家和物理学家关注的原因. 另外, 我们后面也会看到, 模空间的复杂组合特性反映了它与表示论的深刻联系, 因为后者有一部分本性是组合的.

3.1.10 忘却映射

也可以按如下方式定义一个映射 $\pi:\overline{\mathcal{M}}_{g,n+1}\to\overline{\mathcal{M}}_{g,n}$:

$$[(\Sigma;x_1,\cdots,x_{n+1})]\mapsto[(\mathrm{st}(\Sigma;x_1,\cdots,x_n)].$$

此处 $\mathrm{st}(\Sigma;x_1,\cdots,x_n)$ 代表 $(\Sigma;x_1,\cdots,x_n)$ 的稳定化, 记作 $(\Sigma';x_1,\cdots,x_n)$, 它的定义如下：如果 $(\Sigma;x_1,\cdots,x_n)$ 是稳定的, 则取 $\Sigma'=\Sigma$, 它继承 Σ 上除了 x_{n+1} 以外的其他标记点; 如果 $(\Sigma;x_1,\cdots,x_n)$ 不是稳定的, 则 x_{n+1} 必落在一个亏格为 0 的连通分支 C_0 上, 此时有两种情况：第一种情况, C_0 上有两个节点 y_1 和 y_2, 记 Σ' 为将 C_0 收缩为一个点得到的曲面, 它继承 Σ 上除了 x_{n+1} 以外的其他 n 个标记点; 第二种情况, C_0 上有另一个标记点 x_k 和一个节点 y, 记 Σ' 为将 C_0 收缩为一个点得到的曲面, Σ' 继承了除了 x_k 和 x_{n+1} 的其他标记点, 并且将 $y\in\Sigma'$ 标记为 x_k. 因为最后一个标记点被 "忘记" 了, 这个映射被称为忘却映射.

3.1.11 截面和万有曲线

我们可以把上面忘却映射的构造反过来, 构造 π 的 n 个截面 $s_i:\overline{\mathcal{M}}_{g,n}\to\overline{\mathcal{M}}_{g,n+1}$. 任给 $[(\Sigma;x_1,\cdots,x_n)]$, $s_i(\Sigma;x_1,\cdots,x_n)$ 定义为 Σ 粘接上一个 $(\mathbb{P}^1;0,1,\infty)$, 我们将 0 粘接到 x_i, 将 1 重新标记为 x_i, 并将 ∞ 重新标记为 x_{n+1}, Σ 上的其他标记点保持不变.

容易看出, $\pi\circ s_i=\mathrm{Id}$. 更有趣的是, $\pi^{-1}([(\Sigma;x_1,\cdots,x_n)]$ 是一条带 n 个标记点的代数曲线, 同构于 $(\Sigma;x_1,\cdots,x_n)$, 标记点恰为 $s_i([(\Sigma;x_1,\cdots,x_n)]$. 所以我们把 $(\pi:\overline{\mathcal{M}}_{g,n+1}\to\overline{\mathcal{M}}_{g,n};s_1,\cdots,s_n)$ 看成一族稳定曲线, 称之为万有曲线.

3.1.12 模空间上的上同调类及其相交数

研究模空间的拓扑时有一个一般的原则, 有时称为 "Mumford 原则", 我们主要考虑模空间上自然定义的向量丛的陈类生成的上同调类.

记 ω_π 为 $\pi:\overline{\mathcal{M}}_{g,n+1}\to\overline{\mathcal{M}}_{g,n}$ 的相对对偶层 (relative dualizing sheaf). 对于每个 $i=1,\cdots,n$, $L_i:=s_i^*\omega_\pi$ 是 $\overline{\mathcal{M}}_{g,n}$ 上的全纯线丛, 在 $[(\Sigma;x_1,\cdots,x_n)]$ 处, 它的纤

维是 $T^*_{x_i}\Sigma$, 所以它被称为第 i 个余切线丛. 另外, $\mathbb{E}=R^0\pi_*\omega_\pi$ 是 $\overline{\mathcal{M}}_{g,n}$ 上一个秩为 g 的全纯向量丛, 称为 Hodge 丛. 我们考虑这些丛的陈类

$$\psi_i := c_1(L_i), \quad i=1,\cdots,n,$$
$$\lambda_j = c_j(\mathbb{E}), \quad j=1,\cdots,g$$

和它们的相交数

$$\int_{\overline{\mathcal{M}}_{g,n}} \psi_1^{a_1}\cdots\psi_n^{a_n}\cdot\lambda_1^{b_1}\cdots\lambda_g^{b_g},$$

这些相交数被称为 Hodge 积分. 它们与其他数学分支有很多联系, 是本文关注的主要数学对象. 它们是 Mumford [30] 在 1983 年引进的.

3.1.13 与 Grassmann 流形的类比

代数几何中一个经典研究对象是 Grassmann 流形 $Gr_k(\mathbb{C}^n)$ 和它的上同调环. Grassmann 流形 $Gr_k(\mathbb{C}^n)$ 是 $\mathbb{C}^n$ 中 k 维线性子空间的模空间, 即 $Gr_k(\mathbb{C}^n)$ 中的一个点就是一个 k 维线性子空间 $V\subset\mathbb{C}^n$. 从这个角度看, 可以定义复义向量丛 (tautological vector bundle)$\gamma\to Gr_k(\mathbb{C}^n)$,

$$\gamma|_V\cong V.$$

有趣的是, $H^*(Gr_k(\mathbb{C}^n))$ 由陈类 $c_1(\gamma),\cdots,c_k(\gamma)$ 生成, 它们满足一定的关系. 另外, Grassmann 流形有自然的胞腔分解, 每个胞腔对应于某个整数的分拆. 关于 Grassman 流形的研究, 是与对称函数理论、对称群或一般线性群的表示理论是密切相关的[10]. 后面我们也将介绍, 无穷维 Grassmannn 流形与可积方程族的理论密切相关.

代数曲线的 Deligne-Mumford 模空间 $\overline{\mathcal{M}}_{g,n}$ 与 Grassmann 流形的类比反映了本文的主题, 曲线模空间包含了复杂的组合信息, 对称函数理论、对称群或一般线性群的表示理论和可积方程族的理论恰好是提取这些信息所需要的合适工具. 这集中反映在 Witten 猜想和 Mariño-Vafa 猜想这两个猜想上, 将在 3.6 节和 3.7 节中介绍.

3.2 KdV 方程族、KP 方程族和 Virasoro 约束

著名的 Witten 猜想将 Deligne-Mumford 模空间上的相交数与 KdV 方程族建立联系. 本节开始介绍可积方程族方面的基础知识.

3.2.1 KdV 方程

KdV 方程是指下面的非线性方程：

$$\partial_t u = \frac{3}{2}uu_x + \frac{1}{4}u_{3x}. \tag{2}$$

它由 Kortweg 和 de Vries 提出, 用来解释 Scott Russell 首先观察到的孤立波现象. 一般的波动现象有很多个波峰和波谷, 而孤立波可以仅有一个波峰, 也许这是 Russel 称这种现象为孤立波的原因.

Lax [21] 提出了如下从数学上推导 KdV 方程的方法. 首先考虑如下的系统：

$$\begin{aligned} &Pw = k^2 w, \quad P = \partial_x^2 + u(x,t), \\ &w = \mathrm{e}^{kx}\left(1 + \frac{w_1}{k} + \frac{w_2}{k^2} + \cdots\right). \end{aligned}$$

这个系统中函数 u 和函数构成的序列 $\{w_n\}$ 可以由以下递归关系相互决定：

$$\begin{aligned} &w_0 = 1, \\ &2\partial_x w_n + \partial_x^2 w_{n-1} + uw_{n-1} = 0, \quad n \geqslant 1. \end{aligned}$$

其次考虑如下的系统：

$$\begin{aligned} &Pw = k^2 w, \quad P = \partial_x^2 + u(x,t), \\ &\partial_t w = Bw, \quad B = \partial_x^3 + b_1\partial_x + b_2. \end{aligned}$$

这个系统的相容性条件是

$$\frac{\partial}{\partial t}P = [B, P].$$

将这个方程具体写下来可以得到

$$\begin{aligned} &b_1 = \frac{3}{2}u, \\ &b_2 = \frac{3}{4}u_x, \\ &\frac{\partial}{\partial t}u = \frac{3}{2}uu_x + \frac{1}{4}\partial_x^3 u, \end{aligned}$$

这里的第三个方程就是 KdV 方程 (2).

3.2.2 Gelfand-Dickey 方程族

表面看来, 从 Lax 的这个推导再也看不出原来的方程的物理意义, 更糟糕的是, 如何解释像是凭空跑出来的另外一个算子 $B=\partial_x^3+\frac{3}{2}u\cdot\partial_x+\frac{3}{4}u_x$? Gelfand 和 Dickey [11, 12] 给出了一个很妙的解释. 首先要考虑拟微分算子:

$$D=\sum_{n\leqslant N}a_n\partial^n,$$

定义它的正部和负部为

$$D_+=\sum_{n\geqslant 0}a_n\partial^n,\quad D_-=\sum_{n<0}a_n\partial^n.$$

两个拟微分算子的复合如下定义:

$$\sum_{m\leqslant M}a_m\partial^m\cdot\sum_{n\leqslant N}b_n\partial^n=\sum_{m\leqslant M,n\leqslant N}a_m\sum_{j\geqslant 0}\binom{m}{j}(\partial^j b_n)\cdot\partial^{m+n-j}.$$

有了这些定义, 设 $L=P^{1/2}$ 是满足 $L^2=P$ 的拟微分算子, 则有

$$B=(L^3)_+.$$

事实上, 记 $L=\partial_x+a_1\partial_x^{-1}+a_2\partial_x^{-2}+\cdots$, 则有

$$\begin{aligned}L^2=&\partial_x^2+2a_1+(2a_2+\partial_x a_1)\partial_x^{-1}+(2a_3+\partial_x a_2+a_1^2)\partial_x^{-2}\\&+(2a_4+\partial_x a_3+2a_1a_2-a_1\partial_x a_1)\partial_x^{-3}+\cdots.\end{aligned}$$

故如果 $L^2=\partial_x^2+u$ 成立, 则系数 a_n 可如下确定:

$$\begin{aligned}&2a_1=u,\\&2a_2+\partial_x a_1=0,\\&2a_3+\partial_x a_2+a_1^2=0,\\&2a_4+\partial_x a_3+2a_1a_2-a_1\partial_x a_1=0,\\&\cdots\cdots\end{aligned}$$

也就是说

$$\begin{aligned}L=&\partial_x+\frac{u}{2}\partial_x^{-1}-\frac{\partial_x u}{4}\partial_x^{-2}+\frac{1}{8}(\partial_x^2u-u^2)\partial_x^{-3}\\&-\frac{1}{16}(\partial_x^3u-6u\cdot\partial_x u)\partial_x^{-4}+\cdots,\end{aligned}$$

所以可以算出

$$
\begin{aligned}
L^3 = & \partial_x^3 + \frac{3}{2}u\partial_x + \frac{3}{4}\partial_x u + \frac{1}{8}(\partial_x^2 u + 3u^2)\partial_x^{-1} \\
& - \frac{1}{16}(\partial_x^3 u + 6u\partial_x u)\partial_x^{-2} + \cdots,
\end{aligned}
$$

从中得到

$$
(L^3)_+ = \partial_x^3 + \frac{3}{2}u\partial_x + \frac{3}{4}\partial_x u.
$$

这就是前面 Lax 用到的算子 B.

Gelfand 和 Dickey 的这个方法不仅解释了算子 B 的自然性, 更重要的他们考虑了一般的系统:

$$
Pw = k^2 w, \quad \partial_{x_{2j-1}} w = (P^{(2j-1)/2})_+ w.
$$

它们的相容性条件给出了一簇方程:

$$
\partial_{x_{2j-1}} P = [(P^{(2j-1)/2})_+, P], \quad j = 1, 2, 3, \cdots,
$$

这被称为 KdV 方程族. 例如, 当 $k = 3$ 时,

$$
\begin{aligned}
P^{5/2} = & \partial_x^5 + \frac{5}{2}u \cdot \partial_x^3 + \frac{15}{4}\partial_x u \cdot \partial_x^2 + \frac{1}{8}(25\partial_x^2 u + 15u^2)\partial_x \\
& + \frac{15}{16}(\partial_x^3 u + 2u \cdot \partial_x u) + \frac{1}{8}u \cdot (\partial_x^2 u + 3u^2) \cdot \partial_x^{-1} + \cdots,
\end{aligned}
$$

计算得到

$$
\begin{aligned}
\partial_{x_5} u = & \left[\partial_x^5 + \frac{5}{2}u \cdot \partial_x^3 + \frac{15}{4}\partial_x u \cdot \partial_x^2 + \frac{1}{8}(25\partial_x^2 u + 15u^2)\partial_x \right. \\
& \left. + \frac{15}{16}(\partial_x^3 u + 2u \cdot \partial_x u), \partial_x^2 + u\right] \\
= & \frac{1}{16}(\partial_x^5 u + 30u^2 \cdot \partial_x u + 20\partial_x u \cdot \partial_x^2 u + 10u \cdot \partial_x^3 x).
\end{aligned}
$$

通过计算 $L^{1/2}$ 再来计算 $L^{(2j-1)/2}$ 和 $[(L^{(2j-1)/2})_+, L]$ 的办法得到高阶的 KdV 方程的方法过于复杂, Gelfand 和 Dickey 给出了下面的递归方法: 归纳地定义一族微分多项式 $R_n(u, u_x, u_{xx}, \cdots)$:

$$
\begin{aligned}
& R_1 = u, \\
& \frac{\partial}{\partial x}R_{n+1} = \frac{1}{2}\partial_x u \cdot R_n + u \cdot \partial_x R_n + \frac{1}{4}\partial_x^3 R_n.
\end{aligned}
\tag{3}
$$

例如

$$\begin{aligned}\partial_x R_2 &= \frac{1}{4}(6u \cdot \partial_x u + \partial_x^3 u), \\ R_2 &= \frac{1}{4}(3u^2 + \partial_x^2 u), \\ \partial_x R_3 &= \frac{1}{16}(30u^2 \cdot \partial_x u + 10u \cdot \partial_x^3 u + 20\partial_x u \cdot \partial_x^2 u + \partial_x^5 u), \\ R_3 &= \frac{1}{16}(10u^3 + 10u \cdot \partial_x^2 u + 5(\partial_x u)^2 + \partial_x^4 u).\end{aligned}$$

KdV 方程族可如下得到

$$\partial_{t_n} u = \partial_{t_0} R_{n+1}.$$

3.2.3 KP 方程族

上面的讨论可以做以下的自然推广：设 $L = \partial + \sum_{n \geqslant 1} f_n \partial^{-n}$, 微分方程系统

$$Lw = kw, \quad \partial_{x_j} w = (L^j)_+ w$$

的相容性条件是

$$\partial_{x_j} L = [(L^j)_+, L], \tag{4}$$

这被称为 KP(Kadomtsev-Petviashvili) 方程族. 如果 KP 方程族的解不依赖变量 x_{2k} $(k \geqslant 1)$, 则它约化为 KdV 方程族的解, 所以可以通过研究 KP 方程族来研究 KdV 方程族.

下面是一些具体计算的例子：

$$\begin{aligned}L^2 = &\partial_x^2 + 2a_1 + (2a_2 + \partial_x a_1)\partial_x^{-1} + (2a_3 + \partial_x a_2 + a_1^2)\partial_x^{-2} \\ &+(2a_4 + \partial_x a_3 + 2a_1 a_2 - a_1 \partial_x a_1)\partial_x^{-3} + \cdots, \\ L^3 = &\partial_x^3 + 3a_1\partial_x + 3(a_2 + \partial_x a_1) + (3a_3 + 3\partial_x a_2 + 3a_1^2 + \partial_x^2 a_1)\partial_x^{-1} \\ &+(3a_4 + 3\partial a_3 + 6a_1 a_2 + \partial_x^2 a_2)\partial_x^{-2} + \cdots, \\ L^4 = &\partial_x^4 + 4a_1\partial_x^2 + (4a_2 + 6\partial_x a_1)\partial_x + (4a_3 + 6\partial a_2 + 4\partial^2 a_1 + 6a_1^2) \\ &+(4a_4 + 6\partial_x a_3 + 4\partial_x^2 a_2 + \partial_x^3 a_1 + 12a_1 a_2 + 6a_1\partial_x a_1)\partial_x^{-1} + \cdots, \\ L^5 = &\partial_x^5 + 5a_1\partial_x^3 + (5a_2 + 10\partial_x a_1)\partial_x^2 \\ &+(5a_3 + 10\partial_x a_2 + 10\partial_x^2 a_1 + 10a_1^2)\partial_x \\ &+(5a_4 + 10\partial_x a_3 + 10\partial_x^2 a_2 + 5\partial_x^3 a_1 + 20a_1 a_2 + 20a_1\partial_x a_1) + \cdots.\end{aligned}$$

从下面的计算

$$
\begin{aligned}
\partial_{x_2}L = & [(L^2)_+, L] = [\partial_x^2 + 2a_1, \partial_x + a_1\partial_x^{-1} + a_2\partial_x^{-2} + \cdots] \\
= & (\partial_x^2 a_1 + 2\partial_x a_2)\partial_x^{-1} + (2\partial_x a_3 + \partial_x^2 a_2 + 2a_1\partial_x a_1)\partial_x^{-2} \\
& + (2\partial_x a_4 + \partial_x^2 a_3 - 2a_1\partial_x^2 a_1 + 4\partial_x a_1 \cdot a_2)\partial_x^{-3} + \cdots
\end{aligned}
$$

我们得到一系列方程:

$$
\begin{aligned}
\partial_{x_2}a_1 &= 2\partial_x a_2 + \partial_x^2 a_1, \\
\partial_{x_2}a_2 &= 2\partial_x a_3 + \partial_x^2 a_2 + 2a_1\partial_x a_1, \\
\partial_{x_2}a_3 &= 2\partial_x a_4 + \partial_x^2 a_3 - 2a_1\partial_x^2 a_1 + 4\partial_x a_1 \cdot a_2, \\
& \cdots\cdots
\end{aligned}
$$

同样, 从下面的计算

$$
\begin{aligned}
\partial_{x_3}L = & [(L^3)_+, L] \\
= & [\partial_x^3 + 3a_1\partial_x + 3(a_2 + \partial_x a_1), \partial_x + a_1\partial_x^{-1} + a_2\partial_x^{-2} + \cdots]
\end{aligned}
$$

我们得到一列方程:

$$
\begin{aligned}
\partial_{x_3}a_1 = & \partial_x^3 a_1 + 3\partial_x^2 a_2 + 3\partial_x a_3 + 6a_1\partial_x a_1, \\
\partial_{x_3}a_2 = & \partial_x^3 a_2 + 3\partial_x^2 a_3 + 3\partial_x a_4 + 6a_1\partial_x a_2 + 6\partial_x a_1 \cdot a_2, \\
\partial_{x_3}a_3 = & \partial_x^3 a_3 + 3\partial_x^2 a_4 + 3\partial_x a_5 + 3a_1\partial_x a_3 + 9\partial_x a_1 \cdot a_3 \\
& -3a_1\partial^2 a_2 - 3\partial_x^2 a_1 \cdot a_2 + 6a_2\partial_x a_2, \\
& \cdots\cdots
\end{aligned}
$$

从这些例子可以看出, 当 j 变大时, KP 方程族的复杂度变大得很快. 直接把这些方程写下来已经很困难了, 把它们解出来就更为困难. 下面介绍京都学派的解决方法, 这个方法建立了可积方程族与无穷维李代数和表示论的关系.

3.2.4 波函数和穿脱变化 (dressing)

回顾波函数 w 取成如下的形式:

$$
w = \exp\left(\sum_{j\geqslant 0} x_j k^j\right)\left(1 + \frac{w_1}{k} + \frac{w_2}{k^2} + \cdots\right).
$$

记 $M = 1 + \sum_{j\geqslant 1} w_j\partial^{-j}$, 则

$$
w = M\exp\left(\sum_{j\geqslant 0} x_j k^j\right).
$$

从方程 $Lw=kw$ 可得到

$$L=M\cdot\partial\cdot M^{-1},$$

所以算子 L 和波函数 w 相互决定.

3.2.5　τ 函数

京都学派发现从相容性条件

$$\partial_{x_j}L=[(L^j)_+,L]$$

可以推出: 波函数 w 可以由一个函数 $\tau=\tau(x_1,x_2,\cdots)$ 如下确定:

$$w=\frac{\tau\left(x_1-\dfrac{1}{k},x_2-\dfrac{1}{2k^2},x_3-\dfrac{1}{3k^3},\cdots\right)}{\tau(x_1,x_2,x_3,\cdots)}\cdot\exp\sum_{j\geqslant 1}x_jk^j.$$

例如

$$w_1=-\frac{\partial_{x_1}\tau}{\tau},$$

$$w_2=\frac{1}{2}\cdot\frac{\partial_{x_1}^2\tau-\partial_{x_2}\tau}{\tau}.$$

等等. 进一步, KdV 方程族等价于 τ 函数满足下面的 Hirota 双线性关系:

$$0=\oint\frac{\mathrm{d}k}{2\pi\mathrm{i}}\exp\left(\sum_j(x_j-x_j')k^j\right)\cdot\tau\left(x_1-\frac{1}{k},x_2-\frac{1}{2k^2},\cdots\right)$$
$$\cdot\tau\left(x_1'+\frac{1}{k},x_2'+\frac{1}{2k^2},\cdots\right)\tag{5}$$

3.2.6　τ 函数的空间

京都学派的重要贡献是通过微分方程组的对称性来研究它的解这个角度来考虑 KP 方程族的 τ 函数的空间. 如果我们把 τ 函数看成无穷多个变量 $x_1,\cdots$, $x_n,\cdots$ 的形式幂级数, 则 τ 函数构成一个空间 $\mathcal{O}\subset\mathbb{C}[x_1,x_2,\cdots]$. 显然 $\tau=1$ 是一个解, 也就是 $\mathcal{O}$ 中一个点. 粗略地说, 京都学派发现 $\widehat{\mathrm{GL}}(\infty)$ 是 KP 方程族的对称群, $\mathcal{O}$ 是 $|0\rangle=1$ 在 $\widehat{\mathrm{GL}}(\infty)$ 作用下的轨道. Sato 给出了 $\mathcal{O}$ 是一个无穷维 Grassmann 的几何刻画.

3.3　从 τ 函数到对称函数理论

上节的讨论引导我们考虑有无穷多个变量的多项式的空间 $\Lambda=\mathbb{C}[x_1,\cdots,x_n,\cdots]$ 及其自然的完备化, 即考虑

$$f(x_1,\cdots,x_n,\cdots)=f_0+f_1+\cdots,$$

其中每个 f_k 是 $\mathbb{C}[x_1,\cdots,x_n,\cdots]$ 中一个 k 次分次齐次多项式 (规定 $\deg x_n = n$). 本节介绍对称函数理论是更好地理解 Λ 的理论框架.

3.3.1 波色 Fock 空间上的海森堡算子

空间 $\Lambda = \mathbb{C}[x_1, x_2, \cdots]$ 被称为波色 Fock 空间. 在它上面可定义一列算子 $\gamma_n : \Lambda \to \Lambda$,

$$\gamma_n = \begin{cases} \partial_{x_n}, & n > 0, \\ -nx_{-n}, & n < 0. \end{cases}$$

下面的对易关系称为海森堡对易关系:

$$[\gamma_m, \gamma_n] = m \cdot \delta_{m+n,0}.$$

3.3.2 对称函数空间

一个更好的理解这个空间的办法是把它看成对称函数的空间, 即令 $x_n = \dfrac{1}{n} p_n$, 此处 p_n 是牛顿幂函数:

$$p_n = p_n(a_1, \cdots, a_n, \cdots) = a_1^n + a_2^n + \cdots,$$

这是一个关于无穷多个变量 $a_1, a_2, \cdots$ 的对称函数. 经过这个观点的转变, Λ 等同于关于无穷多个变量 $a_1, a_2, \cdots$ 的对称函数的全体构成的空间. 这个空间可以用次数来分解:

$$\Lambda = \bigoplus_{n \geqslant 0} \Lambda^n,$$

其中 Λ^n 是 n 次齐次对称函数构成的空间.

3.3.3 整数分拆

一个非负整数 n 的分拆 μ 指的是一个非增长的非负整数序列 $\mu_1 \geqslant \mu_2 \geqslant \cdots \geqslant \mu_l \geqslant 0$, 使得

$$\mu_1 + \mu_2 + \cdots + \mu_l = n. \tag{6}$$

对于 n 的一个分拆 $\mu = (\mu_1, \cdots, \mu_l)$, 我们记

$$|\mu| = n, \quad l(\mu) = l.$$

下面是一些例子:

$$
\begin{aligned}
&0=0,\\
&1=1,\\
&2=2=1+1,\\
&3=3=2+1=1+1+1,\\
&4=4=3+1=2+1+1=1+1+1+1.
\end{aligned}
$$

有时人们使用不同的记号来表达同一个整数分拆, 例如 $4+1+1$ 可表为 $(4,1,1)$, 或者 $(1^2 4)$, 或者用杨图 (Young diagram) 表达为

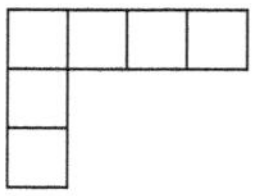

或者用 Frobenius 记号 $(m_1,\cdots,m_k|n_1,\cdots,n_k)$ 表达为 $(3|2)$.

3.3.4　对称函数空间的一组自然的基

有了整数分拆的概念, 可以写下 Λ 上面一些自然的基. 本文用到其中的两个, 第一个在本小节介绍, 第二个将在 3.4.2 节中介绍.

对称函数理论中一个熟知的结果是每个对称函数可以唯一表达为 $p_1,p_2,\cdots$ 的多项式, 也就是说, $\Lambda=\mathbb{C}[p_1,p_2,\cdots]$. 例如, 基本对称函数定义为

$$
e_n=\sum_{1\leqslant i_1<i_2<\cdots<i_n} a_{i_1}\cdots a_{i_n}
$$

它们与 $p_1,\cdots,p_n,\cdots$ 的关系是

$$
\begin{aligned}
e_1&=p_1,\\
e_2&=\frac{1}{2}p_1^2-\frac{1}{2}p_2,\\
e_3&=\frac{1}{6}p_1^3-\frac{1}{2}p_1p_2+\frac{1}{3}p_3.
\end{aligned}
$$

对正整数的分拆 $\mu=(\mu_1,\cdots,\mu_l)$, 定义

$$
p_\mu=p_{\mu_1}\cdots p_{\mu_l}.
$$

对 0 的分拆 (记为 $\emptyset$), 定义

$$
p_\emptyset=1.
$$

当 μ 走遍 n 的所有可能的分拆时, $\{p_\mu\}_{|\mu|=n}$ 构成了 Λ^n 的一组基:

$$
\begin{aligned}
\Lambda^0 &= \mathrm{Span}\{p_\emptyset\},\\
\Lambda^1 &= \mathrm{Span}\{p_{(1)}\},\\
\Lambda^2 &= \mathrm{Span}\{p_{(2)}, p_{(1,1)}\},\\
\Lambda^3 &= \mathrm{Span}\{p_{(3)}, p_{(2,1)}, p_{(1,1,1)}\}.
\end{aligned}
$$

3.3.5 波色生成子和湮灭子

前面所定义的算子 $\gamma_n : \Lambda \to \Lambda$ 现在可表达为

$$
\gamma_n = \begin{cases} n\dfrac{\partial}{\partial p_n}, & 若\, n > 0,\\ p_{-n}\cdot, & 若\, n < 0. \end{cases}
$$

对于分拆 $\mu = (\mu_1, \cdots, \mu_l)$, 定义

$$
\gamma_\mu = \gamma_{\mu_1}, \cdots, \gamma_{\mu_l}, \quad \gamma_{-\mu} = \gamma_{-\mu_1}, \cdots, \gamma_{-\mu_l}.
$$

则有

$$
\begin{aligned}
&[\gamma_m, \gamma_n] = m\delta_{m,-n}\,\mathrm{Id},\\
&\gamma_n 1 = 0,\\
&\Lambda = \mathrm{Span}\{\gamma_{-\mu}1\}_\mu.
\end{aligned}
$$

因此, 物理学家把 $1 \in \Lambda$ 理解为波色真空向量, 记之为 $|0\rangle_B$; 当 $n > 0$ 时, 算子 γ_n 被称为波色湮灭子, 算子 γ_{-n} 被称为波色生成子. 任何一个基向量 p_μ 都可以由 $\gamma_{-\mu} = \gamma_{-\mu_1} \cdots \gamma_{-\mu_l}$ 作用在真空向量 $|0\rangle_B$ 上得到, 也就是说, 从真空通过 $\gamma_{-\mu_1}, \cdots, \gamma_{-\mu_l}$ 的连续作用得到了这个向量. 为了表示湮灭子 γ_n 在一个基向量 p_μ 的作用, 我们把 μ 表示为 $\mu = 1^{m_1} \cdots N^{m_N}$, 下面的公式成立:

$$
\gamma_n p_{1^{m_1} \cdots N^{m_n}} = m_n \cdot p_{1^{m_1}, \cdots, n^{m_n - 1}, \cdots, N^{m_N}}.
$$

将 $p_{1^{m_1} \cdots N^{m_N}}$ 理解为由 $m_1 + \cdots + m_N$ 个波色粒子构成的状态, 其中有 m_i 个能量为 i 的粒子, $i = 1, \cdots, N$, 而真空向量 $|0\rangle_B$ 则表示没有粒子的状态. 在这种理解下, γ_{-n} 和 γ_n 分别被称为生成子和湮灭子是自然的, 因为它们的作用分别是增加或者减少一个能量 n 的粒子.

3.3.6 能量算子及其推广

上一小节提到了 p_μ 对应的粒子系统的能量. 它们是如下的算子的能量:

$$
L_0 = \sum_{n=1}^{\infty} n p_n \frac{\partial}{\partial p_n} = \sum_{n=1}^{\infty} \gamma_{-n}\gamma_n.
$$

这个算子的第二种写法是物理学家引进的算子的正规排序 (normal ordering) 的特例. 如果有几个算子 $\gamma_{n_1}, \cdots, \gamma_{n_k}$, 其中 $n_1, \cdots, n_k$ 都是非零整数, 可以有正有负, 任给它们的一个重新排列 $\gamma_{n_1'}, \cdots, \gamma_{n_k'}$, 使得 $n_1' \leqslant n_2' \leqslant \cdots \leqslant n_k'$. 定义

$$:\gamma_{n_1}\cdots\gamma_{n_k} := \gamma_{n_1'}\cdots\gamma_{n_k'}.$$

现在, 如果令 $\gamma_0 = 0$, 则有

$$L_0 = \frac{1}{2}\sum_{a+b=0} :\gamma_a\gamma_b:$$

将之推广, 得到一列算子:

$$L_n = \frac{1}{2}\sum_{a+b=n} :\gamma_a\gamma_b:$$

计算得到

$$[L_m, L_n] = (m-n)L_{m+n} + \frac{m^3-m}{12}\,\mathrm{Id}. \tag{7}$$

这是 Virasoro 代数的特例.

算子 L_0 的另一个推广是所谓的切并 (cut-and-join) 算子:

$$\Delta = \frac{1}{2}\sum_{a,b=1}^{\infty}(\gamma_{-a}\gamma_{-b}\gamma_{a+b} + \gamma_{-(a+b)}\gamma_a\gamma_b) = \frac{1}{3!}\sum_{a+b+c=0} :\gamma_a\gamma_b\gamma_c: \tag{8}$$

在 3.7 节将有更多的介绍. 很自然, 也可以考虑一般的

$$\Delta_n = \frac{1}{3!}\sum_{a+b+c=n} :\gamma_a\gamma_b\gamma_c: \tag{9}$$

但是它们的应用未出现在现有的文献中.

3.4　从对称函数到表示论

在上一节, 我们已经介绍了 τ 函数生活在对称函数构成的空间中, 本节我们介绍对称函数与表示论的关系.

3.4.1　Schur 多项式与一般线性群的表示论

设 μ 是一个分拆, $l(\mu) = l$. 任取 $n > l$, 定义

$$s_\mu(x_1, \cdots, x_n) = \frac{\det(x_j^{\mu_i+n-i})_{1\leqslant i,j\leqslant n}}{\det(x_j^{n-i})_{1\leqslant i\leqslant i,j\leqslant n}},$$

则 $s_\mu(x_1,\cdots,x_n)$ 是以 $x_1,\cdots,x_n$ 为变量的对称多项式, 称为 μ 所对应的 Schur 多项式. 由 Weyl 特征标公式, Schur 多项式是一般线性群的不可约表示的特征标. 具体地来说, $\{s_\mu(x_1,\cdots,x_n)\}_{l(\mu)\leqslant n}$ 给出了 $\mathrm{GL}_n(\mathbb{C})$ 的全部多项式表示的不可约特征标.

3.4.2 Schur 函数

对于每个 Schur 多项式 $s_\mu(x_1,\cdots,x_n)$, 相应的 Schur 函数定义为

$$s_\mu(x_1,x_2,\cdots)=\lim_{n\to\infty}s_\mu(x_1,\cdots,x_n).$$

例如,

$$\begin{aligned}s_{(1)}(\boldsymbol{x})&=\sum_i x_i,\\ s_{(2)}(\boldsymbol{x})&=\sum_i x_i^2+\sum_{i<j}x_ix_j,\\ s_{(1,1)}(\boldsymbol{x})&=\sum_{i<j}x_ix_j.\end{aligned}$$

所有的 Schur 函数 $\{s_\mu\}$ 构成了 Λ 的另一组基.

3.4.3 两组基之间的转移矩阵与 S_n 的特征标表

现在我们已经给出了 Λ 上的两组基: $\{p_\mu\}$ 和 $\{s_\mu\}$. 现在我们介绍这两组基之间的转移矩阵的意义. 先来看下面的这些例子:

$$\begin{aligned}s_{(1)}&=p_{(1)},\\ s_{(2)}&=\frac{p_{(2)}}{2}+\frac{p_{(1,1)}}{2},\\ s_{(1,1)}&=\frac{p_{(2)}}{2}-\frac{p_{(1,1)}}{2}.\end{aligned}$$

反之,

$$\begin{aligned}p_{(1)}&=s_{(1)},\\ p_{(2)}&=s_{(2)}-s_{(1,1)},\\ p_{(1,1)}&=s_{(2)}+s_{(1,1)}.\end{aligned}$$

这些等式在表示论中有重要的意义, 它们的右边给出了对称群 S_n 的特征标表. 事实上, 下面的等式成立[27]:

$$\begin{aligned}s_\mu&=\sum_\nu\chi_\nu^\mu\cdot\frac{p_\nu}{z_\nu},\\ p_\nu&=\sum_\mu\chi_\nu^\mu\cdot s_\mu.\end{aligned}$$

这里用到的一些记号如下定义. 首先, 数字 z_ν 由下面的公式定义:

$$\exp\sum_{n=1}^{\infty}\frac{p_n}{n}=\sum_{\nu}\frac{p_\nu}{z_\nu}.$$

对称群 S_n 的不可约表示和共轭类的集合与 n 的整数分拆的集合都是一一对应的, 一般用 χ^μ 表示分拆 μ 所对应的不可约表示的特征标, 而用 χ^μ_ν 表示 χ^μ 在 ν 所对应的共轭类 C_ν 上的取值.

3.4.4 特征映射

建立 Λ 和对称群的表示理论的最好的表达方式是使用下面定义的特征映射. 记 $R(S_n)$ 为 S_n 的全体虚 (virtual) 特征标构成的集合, 令

$$R(S_*):=\bigoplus_{n\geqslant 0}R(S_n).$$

特征映射 $\mathrm{ch}:R(S_*)\to\Lambda$ 定义为

$$\mathrm{ch}(\chi^\mu)=\sum_{|\nu|=|\mu|}\frac{\chi^\mu_\nu}{z_\nu}p_\nu=s_\mu. \tag{10}$$

在这个映射下, 不可约特征标 χ^μ 被映到 Schur 函数 s_μ.

3.4.5 对称群不可约表示的维数

分拆 ν 对应的对称群 S_n 的不可约表示 R_ν 的维数可以有以下几种计算方法. 首先有如下的吊钩长度公式 (hook length formula):

$$\dim R_\nu=\frac{n!}{\prod\limits_{e\in\nu}h(e)}. \tag{11}$$

在等式右边, 用了杨图来表示整数分拆 ν, $e\in\nu$ 指的是杨图中的某个方格, $h(e)$ 是这个方格的吊钩长度 (hook length).

另外, 记 m_μ 为 μ 对应的单项对称多项式 (monomial symmetric polynomial), 则 $\{m_\mu\}$ 为 Λ 的一组基[27], 所以,

$$s_\mu=\sum_\nu K_{\mu\nu}m_\nu,$$

其中系数 $K_{\mu\nu}$ 称为 Kosta 数. 下面的结果是熟知的:

$$\dim R_\nu=K_{\nu,(1^n)}=K_{\nu,(1^n)}=\sum_T 1,$$

其中第二个等式中的求和过所有形状为 ν 的标准杨表 (standard Young tableau).

3.4.6 Hecke 代数 $H_n(q)$ 的不可约表示的量子维数

对称群 S_n 的表示论等价于它的群代数 $\mathbb{C}S_n$ 的表示论. Hecke 代数 $H_n(q)$ 是 $\mathbb{C}S_n$ 的参数为 q 的一个形变. 对于一般的参数 q, $H_n(q)$ 的不可约表示也是用 n 的整数分拆 ν 来对应的, 也记作 R_ν. 我们将用到它们的量子维数 (quantum dimension)$\dim_q R_\nu$. 记 $P_\mu(t)$ 为 μ 对应的 Hall-Littlewood 函数, 则有[27]

$$s_\mu = \sum_\nu K_{\mu\nu}(t) P_\nu(t),$$

其中 $K_{\mu\nu}(t)$ 为 Kostka 多项式. 则有

$$\dim_q R_\nu = K_{\nu,(1^n)}(q) = \sum_T q^{c'(T)},$$

其中求和过所有的形状为 ν 的标准杨表, 而 $c'(T)$ 是由 ν 定义的一个整数. 也有如下更简便的公式计算 $\dim_q R_\nu$:

$$\dim_q R_\nu = \frac{q^{\kappa_\mu/4}}{\prod_{x\in\mu}(q^{h(x)/2} - q^{-h(x)/2})}. \tag{12}$$

很明显, 这一小节的公式推广了上一小节的公式.

3.5 费米 Fock 空间和波色–费米对应

本节我们介绍理解对称函数的空间 Λ 的另一个重要的观点, 在这种观点下, τ 函数满足的双线性关系大大简化, 使得研究 τ 函数的空间成为可能. 这也是京都学派的工作, 可参考文献 [6].

3.5.1 狄拉克海和费米 Fock 空间

狄拉克的正电子理论对真空有个全新的理解. 他把真空理解为一种状态, 其中包含了无穷多个能量分别为 $-\frac{1}{2}, -\frac{3}{2}, \cdots$ 的电子, 狄拉克的真空可表示为

$$|0\rangle_F := \underline{-\frac{1}{2}} \wedge \underline{-\frac{3}{2}} \wedge \cdots,$$

这被他形象地描述为一个无穷深的电子海. 一个能量为 $(2j+1)/2$ 的电子是一个这个电子海的海面上的一个浪花, 可表示为

$$\underline{\frac{2j+1}{2}} \wedge \underline{-\frac{1}{2}} \wedge \underline{-\frac{3}{2}} \wedge \cdots.$$

一个能量为 $(2j+1)/2$ 的正电子按 Dirac 的描述是这个海中的一个气泡或者叫空穴, 也就是说能量为 $-(2j+1)/2$ 的电子从这个电子海中缺失了, 可表示为

$$\underline{-\frac{1}{2}} \wedge \underline{-\frac{3}{2}} \wedge \cdots \underline{\widehat{-\frac{2j+1}{2}}} \wedge \cdots.$$

而一个包含若干个电子和若干个正电子的状态在真空的电子海的海面上增加了若干个泡沫, 海面下增加了若干个空缺. 具体地, 如果 $A=\{a_1,a_2,\cdots\}\subset\frac{1}{2}+\mathbb{Z}$, $a_1>a_2>\cdots$, 满足: 集合 $\mathbb{Z}_-+\frac{1}{2}\backslash\{a_1,a_2,\cdots\}\subset\mathbb{Z}+\frac{1}{2}$ 和集合 $\mathbb{Z}_-+\frac{1}{2}\backslash\{a_1,a_2,\cdots\}$ 都是有限的 (这里 $\mathbb{Z}_-$ 表示负整数的集合), 则称 A 是容许的. 当 A 是容许的时候, 令

$$\underline{A}=\underline{a_1}\wedge\underline{a_2}\wedge\cdots.$$

费米 Fock 空间 $\mathcal{F}$ 定义为

$$\mathcal{F}=\mathrm{Span}\left\{\underline{A}:\ A\subset\mathbb{Z}+\frac{1}{2}\text{ 是容许的}\right\}$$

在这个空间如果取 $\left\{\underline{A}:\ A\subset\mathbb{Z}+\frac{1}{2}\text{ 是容许的}\right\}$ 为一组规范正交基, 则定义了一个 Hermite 内积.

3.5.2　电荷数分解

从狄拉克的描述, 很自然地定义 $\underline{A}$ 的电荷数为

$$\left|A\backslash\mathbb{Z}_-+\frac{1}{2}\right|-\left|\mathbb{Z}_-+\frac{1}{2}\backslash A\right|=n.$$

也就是说, $\underline{A}$ 的电荷数 $|\underline{A}|$ 是它对应的状态中电子的个数减去正电子的个数. 记 $\mathcal{F}^{(n)}\subset\mathcal{F}$ 为所有电荷数为 n 的状态向量 $\underline{A}$ 张成的子空间, 则费米 Fock 空间可以按电荷数做如下的分解:

$$\mathcal{F}=\bigoplus_{n\in\mathbb{Z}}\mathcal{F}^{(n)},$$

其中 $\mathcal{F}^{(n)}\subset\mathcal{F}$ 是由满足条件:

$$\left|A\backslash\mathbb{Z}_-+\frac{1}{2}\right|-\left|\mathbb{Z}_-+\frac{1}{2}\backslash A\right|=n$$

的 $\underline{A}$ 张成的子空间. $\mathcal{F}$ 上一个保持这个分解的线性映射称为一个电荷为零的映射.

3.5.3 整数分拆和费米 Fock 空间的一组基

零电荷子空间 $\mathcal{F}^{(0)}$ 有一组对应于整数分拆的基：

$$|\mu\rangle := \underline{\mu_1 - \frac{1}{2}} \wedge \underline{\mu_2 - \frac{3}{2}} \wedge \cdots \wedge \underline{\mu_l - \frac{2l-1}{2}} \wedge \underline{-\frac{2l+1}{2}} \wedge \cdots,$$

此处 $\mu = (\mu_1, \cdots, \mu_l)$, 即 $|\mu\rangle = \underline{A_\mu}$, 其中 $A_\mu = \left(\mu_i - i + \frac{1}{2}\right)_{i=1,2,\cdots}$. 如果在 Frobenius 记号中, $\mu = (m_1, \cdots, m_k|n_1, \cdots, n_k)$, 则

$$|\mu\rangle = \underline{m_1 + \frac{1}{2}} \wedge \cdots \wedge \underline{m_k + \frac{1}{2}} \wedge \underline{-\frac{1}{2}} \wedge \underline{-\frac{3}{2}} \wedge \cdots \wedge \widehat{\underline{-n_k - \frac{1}{2}}} \wedge \cdots \wedge \widehat{\underline{-n_1 - \frac{1}{2}}} \wedge \cdots.$$

特别地, 当 μ 是 0 的分拆时,

$$|0\rangle := \underline{-\frac{1}{2}} \wedge \underline{-\frac{3}{2}} \wedge \cdots \in \mathcal{F}.$$

3.5.4 费米子空间上的生成子和湮灭子

当 $r \in \mathbb{Z} + \frac{1}{2}$ 时, 如下定义两个算子 $\psi_r, \psi_r^* : \mathcal{F} \to \mathcal{F}$:

$$\psi_r(\underline{A}) = \begin{cases} (-1)^k \underline{a_1} \wedge \cdots \wedge \underline{a_k} \wedge \underline{r} \wedge \underline{a_{k+1}} \wedge \cdots, & \text{如果对某 } k,\ a_k > r > a_{k+1}, \\ 0, & \text{否则}, \end{cases}$$

$$\psi_r^*(\underline{A}) = \begin{cases} (-1)^{k+1} \underline{a_1} \wedge \cdots \wedge \widehat{\underline{a_k}} \wedge \cdots, & \text{如果对某 } k,\ a_k = r, \\ 0, & \text{否则}. \end{cases}$$

这些算子满足如下的反对易关系：

$$[\psi_r, \psi_s^*]_+ := \psi_r \psi_s^* + \psi_s^* \psi_r = \delta_{r,s} id,$$
$$[\psi_r, \psi_s]_+ = [\psi_r^*, \psi_s^*]_+ = 0.$$

3.5.5 正规序乘积

当 $r > 0$ 时,

$$\psi_{-r}|0\rangle_F = 0, \quad \psi_r^*|0\rangle_F = 0,$$

所以对应于波色情形的湮灭子和生成子, 算子 $\{\psi_{-r}, \psi_r^*\}_{r>0}$ 被称为费米湮灭子, 它们的伴随算子 $\{\psi_r, \psi_{-r}^*\}_{r>0}$ 被称为费米生成子. 任给用 Frobenius 记号表达的分拆 $\mu = (m_1, m_2, \cdots, m_k|n_1, n_2, \cdots, n_k)$, 易见

$$|\mu\rangle = (-1)^{n_1+n_2+\cdots+n_k} \prod_{i=1}^{k} \psi_{m_i+\frac{1}{2}} \psi_{-n_i-\frac{1}{2}}^* |0\rangle.$$

类似于波色情形, 可以定义费米算子的正规序乘积 (normally ordered product), 例如:

$$:\psi_r\psi_r^*:=\begin{cases}\psi_r\psi_r^*, & r>0,\\ -\psi_r^*\psi_r, & r<0.\end{cases}$$

3.5.6 波色–费米对应

任给整数 n, 在费米 Fock 空间上 $\mathcal{F}$ 如下定义一个算子 α_n:

$$\alpha_n=\sum_{r\in\mathbb{Z}+\frac{1}{2}}:\psi_r\psi_{r+n}^*:$$

可以验证:

$$[\alpha_m,\alpha_n]=m\delta_{m,-n},$$

这正好是波色生成子和湮灭子 γ_n 满足的对易关系. 这就在费米 Fock 空间上实现了波色算子 γ_n 的作用.

反过来, 也可以在波色 Fock 空间上实现费米算子 ψ_r 和 ψ_r^* 的作用. 令 $\mathcal{B}=\Lambda[t,t^{-1}]$, 在其上定义算子 z^{α_0} 和 e^K:

$$(z^{\alpha_0}f)(t,\boldsymbol{x}):=f(zt,\boldsymbol{x}),(\mathrm{e}^Kf)(t,\boldsymbol{x}):=tf(t,\boldsymbol{x}),$$

定义下面两个算子:

$$\Psi(z)=\exp\left(\sum_{n=1}^{\infty}\frac{\alpha_n}{n}z^n\right)\cdot\exp\left(-\sum_{n=1}^{\infty}\frac{\alpha_n}{n}z^{-n}\right)\cdot\mathrm{e}^K\cdot z^{\alpha_0},\tag{13}$$

$$\Psi^*(z)=\exp\left(-\sum_{n=1}^{\infty}\frac{\alpha_n}{n}z^n\right)\cdot\exp\left(\sum_{n=1}^{\infty}\frac{\alpha_n}{n}z^{-n}\right)\cdot\mathrm{e}^{-K}\cdot z^{-\alpha_0}.\tag{14}$$

所谓的波色–费米对应是如下定义的线性同构: $\Phi:\mathcal{F}\to\mathcal{B}$,

$$u\mapsto z^m\langle\underline{0}_m|\mathrm{e}^{\sum\limits_{n=1}^{\infty}\frac{p_n}{n}\alpha_n}u\rangle,\quad u\in\mathcal{F}^{(m)},$$

其中 $|\underline{0}_m\rangle=\underline{-\frac{1}{2}+m}\wedge\underline{-\frac{3}{2}+m}\wedge\cdots$. 显然 Φ 诱导了 $\mathcal{F}^{(0)}$ 和 Λ 之间的同构, 它有以下的显式表达:

$$|\mu\rangle\longleftrightarrow s_\mu.$$

在这个对应下,

$$\Phi(\psi(z)|u\rangle)=\Psi(z)\Phi(|u\rangle),\quad\Phi(\psi^*(z)|u\rangle)=\Psi^*(z)\Phi(|u\rangle),$$

其中

$$\psi(z)=\sum_{r\in\frac{1}{2}+\mathbb{Z}}\psi_r z^{-r-1/2},\quad \psi^*(z)=\sum_{r\in\frac{1}{2}+\mathbb{Z}}\psi_r^* z^{-r-1/2}.$$

3.5.7 在费米子图像下 τ 函数的刻画

京都学派关于可积方程族的一个重要发现是：通过波色–费米对应, KP 方程族的 τ 函数由满足以下的关系的 $\mathcal{F}^{(0)}$ 的元给出：

$$\sum_{r\in\frac{1}{2}+\mathbb{Z}}\psi_r\tau\otimes\psi_r^*\tau=0,\tag{15}$$

这只要将式 (5) 与式 (13) 和式 (14) 结合起来即可得到. 另一个等价的描述是 τ 落在 $|0\rangle_F$ 在一个 $\widehat{\mathrm{GL}}(\infty)$ 作用下的轨道.

3.5.8 Sato 的无穷 Grassmannian

KP 方程族的 τ 函数的另一个刻画是 τ 函数落在 Sato 的半无穷 Grassmann 流形上. 考虑

$$H=\left\{\sum_{n=-\infty}^{N}a_nz^n\ \middle|\ N\in\mathbb{Z},\ a_n\in\mathbb{Z}\right\},$$
$$H_+=\left\{\sum_{n=0}^{N}a_nz^n\ \middle|\ N\in\mathbb{Z}_{\geqslant0},\ a_n\in\mathbb{Z}\right\},$$

定义投影映射 $\pi_+:H\to H_+$,

$$\sum_{n=-\infty}^{N}a_nz^n\mapsto\sum_{n\geqslant0}a_nz^n,$$

Sato 的 Grassmannian Gr 是

$$\mathrm{Gr}:=\{V\subset H\ |V\ \text{是}\ H\ \text{的线性子空间},\ \pi_+|_V:V\to H\ \text{是 Fredholm 算子}\}.$$

考虑这个空间的两个子空间：

$$\mathrm{Gr}^0:=\{V\in\mathrm{Gr}\mid\pi_+|_V:V\to H\ \text{是线性同构}\},$$
$$\mathrm{Gr}_{(2)}:=\{V\in\mathrm{Gr}\mid z^2V\subset V\}.$$

KdV 方程族的 τ 函数落在 $\mathrm{Gr}_{(2)}$ 上.

3.6 Witten 猜想

前几节我们介绍了一些数学语言和工具, 本节和下一节介绍用这些语言表达或用这些工具证明的一些结果.

3.6.1 $\mathcal{M}_{g,n}$ 的轨形欧拉示性数

对于轨形 $\mathcal{M}_{g,n}$, 可以定义它的轨形欧拉示性数 (orbifold Euler characteristic) $\chi_{\mathrm{orb}}(\mathcal{M}_{g,n})$. Harer 和 Zagier [14] 证明了下面的公式:

$$\chi_{\mathrm{orb}}(\mathcal{M}_{g,n})=\begin{cases}(-1)^{n-3}(n-3)!, & g=0,\\ \dfrac{(-1)^n(n-1)!}{12}, & g\geqslant 1,\\ (-1)^n\dfrac{(2g-3+n)!}{2g(2g-2)!}B_{2g}, & g\geqslant 2.\end{cases}$$

特别地,

$$\chi_{\mathrm{orb}}(\mathcal{M}_{g,1})=-\frac{B_{2g}}{2g}=\zeta(1-2g).$$

Harer 和 Zagier 给出的证明[14] 和 Penner 的证明[34] 使用了矩阵模型理论中发展的方法. 用矩阵模型方法来证明黎曼猜想有一个有趣的想法, 目前仍未成功. 但是我们已经知道, 矩阵模型方法对黎曼面或代数曲线的模空间的研究非常有用, 这方面研究的下一个重大进展是下一小节介绍的 Witten 猜想[36].

3.6.2 Witten 猜想

超弦理论学家曾经用矩阵模型来研究二维拓扑量子引力理论, 在这个框架下, 建立了二维拓扑量子引力理论的配分函数与 KdV 方程族和 Virasoro 约束的联系. Witten 将二维拓扑量子理论中的相关子 (correlator) 等同于模空间 $\overline{\mathcal{M}}_{g,n}$ 上 ψ 类的相交数, 于 1990 年由此提出了下面的著名猜想[36]: 考虑生成级数

$$F_g(t_0,t_1,\cdots)=\sum_{n\geqslant 1}\sum_{d_1,\cdots,d_n\geqslant 0}\frac{t_{d_1}\cdots t_{d_n}}{n!}\int_{\overline{\mathcal{M}}_{g,n}}\psi_1^{d_1}\cdots\psi_n^{d_n},$$

$$\tau(t_0,t_1,\cdots)=\exp\sum_{g\geqslant 0}\lambda^{2g-2}F_g(t_0,t_1,\cdots).$$

则 $\tau(t_0,t_1,\cdots)$ 是 KdV 方程族的一个 τ 函数, 且 $F=\sum\limits_{g\geqslant 0}\lambda^{2g-2}F_g$ 满足弦方程 (string equation):

$$\partial_{t_0}F=\sum_{i=0}^{\infty}t_{i+1}\partial_{t_i}F+\frac{1}{2}t_0^2.$$

Witten 证明：这些条件加上以下的初值条件

$$\int_{\overline{\mathcal{M}}_{0,3}} 1 = 1, \quad \int_{\overline{\mathcal{M}}_{1,1}} \psi_1 = \frac{1}{24},$$

可以递归地完全决定所有的 ψ 类的积分, 即完全确定 F 和 τ.

Witten 猜想里的变量 t_i 与 3.2.2 节中略有不同. 具体地说,

$$\begin{aligned} &R_1 = u, \\ &\frac{\partial}{\partial x} R_{n+1} = \frac{1}{2n+1}\left(\partial_x u \cdot R_n + 2u \cdot \partial_x R_n + \frac{1}{4}\partial_x^3 R_n\right). \end{aligned} \tag{16}$$

例如,

$$\begin{aligned} \partial_x R_2 &= u \cdot \partial_x u + \frac{1}{12}\partial_x^3 u, \\ R_2 &= \frac{1}{2}u^2 + \frac{1}{12}\partial_x^2 u, \\ \partial_x R_3 &= \frac{1}{2}u^2 \cdot \partial_x u + \frac{1}{12}u \cdot \partial_x^3 u + \frac{1}{6}\partial_x u \cdot \partial_x^2 u + \frac{1}{240}\partial_x^5 u, \\ R_3 &= \frac{1}{6}u^3 + \frac{1}{12}u \cdot \partial_x^2 u + \frac{1}{24}(\partial_x u)^2 + \frac{1}{240}\partial_x^4 u. \end{aligned}$$

Witten 用到的 KdV 方程族可如下得到

$$\partial_{t_n} u = \partial_{t_0} R_{n+1}.$$

3.6.3 Virasoro 约束

Witten 的猜想意味着 F 满足以下的方程:

$$\partial_{t_0} F = \sum_{i=0}^{\infty} t_{i+1}\partial_{t_i} F + \frac{1}{2}t_0^2$$

及当 $n \geqslant 1$ 时, 由 Gelfand-Dickey 递归关系 (3) 得到

$$\partial_{t_n}\partial_{t_0}^2 F = \frac{1}{2n+1}\left(\partial_{t_{n-1}}\partial_{t_0} F \cdot \partial_{t_0}^3 F + 2\partial_{t_{n-1}}\partial_{t_0}^2 F \cdot \partial_{t_0}^2 F + \frac{1}{4}\partial_{t_{n-1}}\partial_{t_0}^4 F\right).$$

注意：第一个方程是线性的, 而其他的方程是非线性的. Dijkgraaf-E. Verlind-H. Verlinde 和 Fukuma-Kawai-Nakayama 证明了 Witten 等价于下面的一族线性方程:

$$L_n\tau = 0, \quad n \geqslant -1,$$

其中

$$L_{-1} = -\partial_{T_0} + \sum_{m=1}^{\infty}\left(m+\frac{1}{2}\right)T_m\partial_{T_{m-1}} + \frac{1}{8}\lambda^{-2}T_0^2,$$
$$L_0 = -\partial_{T_1} + \sum_{m=1}^{\infty}\left(m+\frac{1}{2}\right)T_m\partial_{T_m} + \frac{1}{16},$$
$$L_n = -\partial_{T_{n-1}} + \sum_{m=1}^{\infty}\left(m+\frac{1}{2}\right)T_m\partial_{T_{m+n}} + \frac{1}{2}\lambda^2\sum_{m=1}^{n}\partial_{T_{m-1}}\partial_{T_{n-m}}, \quad n \geqslant 1.$$

它们满足下面的对易关系:

$$[L_m, L_n] = (m-n)L_{m+n}, \quad m,n \geqslant -1.$$

3.6.4　*N* 点函数

长久以来, ψ 类的积分

$$\langle \tau_{a_1}\cdots\tau_{a_n}\rangle_g := \int_{\overline{\mathcal{M}}_{g,n}} \psi_1^{a_1}\cdots\psi_n^{a_n}$$

没有显式的公式, 下面是过去知道的一些例子:

$$\langle \tau_{a_1}\cdots\tau_{a_n}\rangle_0 = \binom{n-3}{a_1,\cdots,a_n}, \quad a_1+\cdots+a_n = n-1,$$
$$\langle \tau_{3g-2}\rangle_g = \frac{1}{24^g}.$$

在 Witten 猜想和 Virasoro 约束的基础上, Dijkgraaf, Witten, Zagier, Okounkov, 刘克峰–徐浩得到了关于 n 点函数

$$F(x_1,\cdots,x_n) = \sum\langle \tau_{a_1}\cdots\tau_{a_n}\rangle x_1^{a_1}\cdots x_n^{a_n}$$

的很多结果, 可参看文献 [26] 和其中的参考文献.

我考虑过下面的调整的 n 点函数:

$$\omega_{g,n}(w_1,\cdots,w_n) = \sum_{a_1,\cdots,a_n\geqslant 0}\langle \tau_{a_1}\cdots\tau_{a_n}\rangle_g \prod_{i=1}^{n}(2a_i+1)!!w_i^{a_i+1},$$

并证明它满足如下的递归关系[41]：

$$\begin{aligned}
&\omega_{g,n+1}(w_0,w_1,\cdots,w_n)\\
=&\frac{1}{2}w_0\omega_{g-1,n+2}(w_0,w_0,w_{[n]})\\
&+\frac{1}{2}w_0\sum_{\substack{g_1+g_2=g\\ A_1\coprod A_2=[n]}}^{s}\omega_{g_1,|A_1|+1}(w_0,w_{A_1})\cdot\omega_{g_2,|A_2|+1}(w_0,w_{A_2})\\
&+\sum_{i=1}^{n}D_{w_0,w_i}\omega_{g,n}(x,w_{[n]_i}),
\end{aligned}$$

其中 $[n]=\{1,2,\cdots,n\}$, $[n]_i=[n]-\{i\}$,

$$D_{u,v}x^m=uv(u^m+3u^{m-1}v+5u^{m-2}v^2+\cdots+(2m+1)v^m).$$

事实上, 这是等价于 Dijkgraaf-Verlinde-Verlinde 的 Virasoro 约束的. 很容易从初值

$$\omega_{0,3}(w_1,w_2,w_3)=w_1w_2w_3,$$
$$\omega_{1,1}(w_1)=\frac{1}{8}w_1^2$$

出发编程计算出 $\omega_{g,n}(w_1,\cdots,w_n)$.

3.6.5 Witten-Kontsevich τ 函数的显式表达

前面提到的 Deligne-Mumford 模空间上相交数的计算或者说关于 Witten-Kontsevich τ 函数的计算都是在波色框架下进行的, 没有能够得到 $\tau(x_1,\cdots,x_n,\cdots)$ 的显式公式. 虽然人们知道这个函数是 KdV 方程族的某个可以唯一确定的 τ 函数, 或者可以有 Virasoro 约束唯一确定, 但是好像并没有预期到它可以显式地完全写下来. 这方面过去的结果有两个：一个属于 Kac-Schwarz [15], 他们证明 Witten-Kontsevich τ 函数对应于 $V_{(2)}\in \mathrm{Gr}^{(0)}\cap\mathrm{Gr}_{(2)}$, 它是满足

$$AV_{(2)}\subset V_{(2)}$$

的唯一元素, 其中 $A=\dfrac{3}{2}z+\dfrac{1}{2z}\dfrac{\mathrm{d}}{\mathrm{d}z}-\dfrac{1}{4}z^{-2}$. 我们回顾 Kac 和 Schwarz 用 Airy 函数给出了 $V_{(2)}$ 的一组基. Airy 方程

$$y''(x)=x\cdot y(x)$$

有一个解当 $x\to\infty$ 时满足以下的渐近展开式：

$$y=\sqrt{\pi/2}x^{-1/4}\exp(-x^{3/2})\sum_{m\geqslant 0}a_mx^{-3m/2},$$

其中系数 a_n 由以下递归关系给出：

$$a_0 = 1,$$
$$48ma_m = (-1)^m(6m-1)(6m-5)a_{m-1}.$$

作如下的变量代换：

$$y(x) = z^{-l/2}\exp\left(-\frac{2}{3}z^3\right)\varphi(z), \quad x = \mu^2 z^2, \quad \mu^3 = -\frac{3}{2},$$

也就是说

$$\varphi(z) = \sum_{m\geqslant 0} a_m(\mu z)^{-3m}.$$

由 Airy 方程可以推出：

$$A\varphi(z) = \frac{9}{4}z^2\varphi(z).$$

则 $V_{(2)}$ 由一列形式幂级数 $\{\varphi(z), A\varphi(z), z^2\varphi(z), z^2A\varphi(z), \cdots\}$ 或者等价地, 也可以由 $\{\varphi(z), A\varphi(z), A^2\varphi(z), A^3\varphi(z), \cdots\}$ 张成. Kac 和 Schwarz 的方法是波色–费米对应. 从他们的结果容易看出：

$$\varphi(z) = \sum_{m\geqslant 0}\frac{1}{864^m}\frac{(6m+1)!}{(2m)!(3m)!}\frac{z^{-3m}}{6m+1}, \tag{17}$$

$$A\varphi(z) = \frac{3}{2}\left(z - \sum_{m\geqslant 1}\frac{1}{864^m}\frac{(6m+1)!}{(2m)!(3m)!}\frac{z^{-3m}}{6m-1}\right). \tag{18}$$

另一个结果属于 Alexandrov [3]：

$$Z_{WK} = \mathrm{e}^{\widehat{W}}1,$$

其中算子 $\widehat{W}$ 定义如下：

$$\widehat{W} = \frac{2}{3}\sum_{k,l\geqslant 0}\left(k+\frac{1}{2}\right)u_k\cdot\left(l+\frac{1}{2}\right)u_l\cdot\frac{\partial}{\partial u_{k+l-1}}$$
$$+\frac{\lambda^2}{12}\sum_{k,l\geqslant 0}\left(k+l+\frac{5}{2}\right)u_{k+l+2}\frac{\partial^2}{\partial u_k\partial u_l} + \frac{1}{\lambda^2}\frac{u_0^3}{3!} + \frac{u_1}{16}.$$

现在介绍作者 2013 年得到 Witten-Kontsevich τ 函数的显式表达的结果 [42], 作者在准备这个报告的过程中得到动力考虑这个问题. 我们首先做如下的变量代换：

$$\begin{aligned} t_n &= (-1)^n \sqrt{-2} T_{2n+1} \cdot \prod_{j=0}^{n} \left(j+\frac{1}{2}\right), \\ T_n &= \frac{1}{n} p_n. \end{aligned}$$

则 Witten-Konsevich τ 函数可以用 Schur 函数如下表达：

$$Z_{WK} = \sum_{|\mu|\equiv 0 \pmod 3} A_\mu \cdot s_\mu,$$

其中 s_μ 是整数分拆 μ 对应的 Schur 函数, 而 A_μ 是 s_μ 的一个如下给出的特殊值 (specialization). 在 Frobenius 记号下, 设 $\mu = (m_1, \cdots, m_k | n_1, \cdots, n_k)$, 则

$$A_\mu = (-1)^{n_1+\cdots+n_k} \cdot \det(A_{m_i,n_j})_{1\leqslant i,j\leqslant k},$$

其中

$$\begin{aligned} A_{3m-1,3n} =& A_{3m-3,3n+2} \\ =& (-1)^n \left(-\frac{\sqrt{-2}}{144}\right)^{m+n} \cdot \frac{(6m+1)!!}{2^n \cdot (2m-1)! \cdot (2m+2n)} \cdot \left(B_n(m) + \frac{b_n}{6m+1}\right), \\ A_{3m-2,3n+1} =& (-1)^{n+1} \left(-\frac{\sqrt{-2}}{144}\right)^{m+n} \\ & \cdot \frac{(6m+1)!!}{2^n \cdot (2m-1)! \cdot (2m+2n)} \cdot \left(B_n(m) + \frac{b_n}{6m-1}\right), \end{aligned}$$

在这里, b_n 是仅依赖 n 的常数：

$$b_n = \frac{2^n \cdot (6n+1)!!}{(2n)!},$$

而 $B_n(m)$ 是一个 m 的 $n-1$ 次多项式：

$$B_n(x) = \frac{1}{6} \sum_{j=1}^{n} 108^j b_{n-j} \cdot (x+n)_{[j-1]},$$

其中

$$(a)_{[j]} = \begin{cases} 1, & j = 0, \\ a(a-1)\cdots(a-j+1), & j > 0. \end{cases}$$

下面是一些具体的例子：

$$
\begin{aligned}
b_0 &= 1,\\
b_1 &= 105,\\
b_2 &= 45045/2,\\
b_3 &= 14549535/2,\\
b_4 &= 25097947875/8,\\
b_5 &= 13537833083775/8,\\
b_6 &= 17531493843488625/16;
\end{aligned}
$$

$$
\begin{aligned}
B_0(x)&=0,\\
B_1(x)&=18,\\
B_2(x)&=1944x+5778,\\
B_3(x)&=209952x^2+1253880x+2277477,\\
B_4(x)&=22674816x^3+226118304x^2+787643676x+1114815879,\\
B_5(x)&=2448880128x^4+36665177472x^3+207169401168x^2\\
&\quad+545727699972x+2633883829515/4,\\
B_6(x)&=264479053824x^5+5546713489920x^4+46133330328000x^3\\
&\quad+193184363553840x^2+424746412978761x\\
&\quad+1828597219279695/4;
\end{aligned}
$$

$$
\begin{aligned}
A_{3m-1,0} &= \left(-\frac{\sqrt{-2}}{144}\right)^m \frac{(6m+1)!!}{(2m)!}\cdot\frac{1}{6m+1},\\
A_{3m-2,1} &= -\left(-\frac{\sqrt{-2}}{144}\right)^m \frac{(6m+1)!!}{(2m)!}\cdot\frac{1}{6m-1},\\
A_{3m-1,3} &= -\left(-\frac{\sqrt{-2}}{144}\right)^{m+1} \frac{(6m+1)!!}{(2m)!\cdot 2\cdot(2m+2)}\left(18+\frac{105}{6m+1}\right),\\
A_{3m-2,4} &= \left(-\frac{\sqrt{-2}}{144}\right)^{m+1} \frac{(6m+1)!!}{(2m)!\cdot 2(2m+2)}\left(18+\frac{105}{6m-1}\right),\\
A_{3m-1,6} &= \left(-\frac{\sqrt{-2}}{144}\right)^{m+2} \frac{(6m+1)!!}{(2m)!\cdot 2^2(2m+4)}\\
&\quad\cdot\left(1944m+5778+\frac{45045}{2(6m+1)}\right),
\end{aligned}
$$

$$A_{3m-2,7} = -\left(-\frac{\sqrt{-2}}{144}\right)^{m+2} \frac{(6m+1)!!}{(2m)!2^2(2m+4)} \cdot \left(1944m + 5778 + \frac{45045}{2(6m-1)}\right).$$

令人惊异的是, 除掉一些因子, 我们的 $A_{3m-1,0}$ 和 $A_{3m-2,1}$ 恰好与 Kac-Schwarz 的文章[15] 中没有显式给出的 φ 和 $A\varphi$ 的系数 (17) 和 (18) 相同, 也与 Faber-Zagier 复义关系 (tautological relations) 中用到的两个级数的系数[9] 相同. 目前这些巧合还没有几何解释.

我们的方法类似 Kac-Schwarz, 利用了波色–费米对应, 首先在费米图像下推导, 然后转换回波色图像. 在费米 Fock 空间中, Witten-Kontsevich τ 函数是一个 Bogoliubov 变换, 也就是说,

$$Z_{WK} = \mathrm{e}^{A}|0\rangle_F, \quad A = \sum_{m,n\geqslant 0} A_{m,n}\psi_{-m-\frac{1}{2}}\psi^*_{-n-\frac{1}{2}},$$

物理学家认为这是一个一般现象, 有很大一类共形场论的分拆函数 (partition function) 在一定的坐标下通过波色–费米对应转换到费米图像下都是 Bogoliubov 变换.

3.7 Mariño-Vafa 猜想及其推广

本节我们将介绍 Mariño-Vafa 猜想及其推广, 主要介绍作者与合作者的工作. 我们首先要简要回顾 Witten 猜想的几类证明, 由此可以看出我们的方法虽然是偶然发现的, 但是有它一定的合理性.

3.7.1 Witten 猜想的证明

Witten 猜想有很多证明, 这些证明可以分为以下三类:

(1) 基于矩阵模型的证明: Kontsevich[18], Okounkov[31], 以及 Okounkov-Pandharipande[32].

(2) 基于双曲几何的证明: Mirzakhani[29].

(3) 基于 Hurwitz 数的证明: Okounkov-Pandharipande[32], Kim-Liu[17], Chen-Li-Liu[4], Kazarian-Lando[16].

3.7.2 Burnside 公式: 从 Hurwitz 数到对称群的表示论

黎曼引进黎曼面的出发点是黎曼球的分歧覆盖. 更一般地, 可以考虑黎曼面之间的分歧覆盖. 它们的计数问题就是 Hurwitz 数的问题. 简言之, 给定一个黎曼

面, 它的给定分歧类型的分歧覆盖的同构类仅有有限个, 所以可以在模掉它们的自同构群的阶的意义来计数它们. 特别地, 考虑黎曼球的分歧覆盖 $\pi : \Sigma \to \mathbb{P}^1$, 它除了无穷远点以外都是无分歧或者简单分歧的, 也就算是说, 如果 π 的度数是 n, 则除了 r 个不同的点 $x_1, \cdots, x_r \in \mathbb{P}^1 - \{\infty\}$,

$$|\pi^{-1}(x)| = n.$$

而这 r 个点是简单分歧点:

$$|\pi^{-1}(x_i)| = n - 1, \quad i = 1, \cdots, r.$$

至于 ∞, 存在它的一个邻域 U 使得 $\pi^{-1}(U)$ 有 l 个连通分支: $V_1 \coprod \cdots \coprod V_l$, 在每个连通分支上 π 局部可表达为

$$z \mapsto w = z^{\mu_i},$$

$\mu = (\mu_1 \geqslant \mu_2 \geqslant \cdots \geqslant \mu_l)$ 为一个整数分拆, $|\mu| = n$, $l(\mu) = l$. 称 μ 为这个分歧覆盖的分歧类型. 由黎曼 -Hurwitz 公式,

$$r = r(g, \mu) = 2g - 2 + l(\mu) + |\mu|.$$

Hurwitz 数定义为

$$H_{g,\mu} := \sum_{[\pi:\Sigma\to\mathbb{P}^1]} \frac{1}{|\operatorname{Aut}(\pi : \Sigma \to \mathbb{P}^1)|},$$

其中求和过全部分歧类型为 μ 的亏格为 g 的分歧覆盖. 定义它们的生成级数为

$$H(\lambda; p_1, \cdots, p_n, \cdots) := \sum_{\mu \neq \emptyset} \sum_{g \geqslant 0} \frac{\lambda^{r(g,\mu)}}{r(g, \mu)!} H_{g,\mu} p_\mu. \tag{19}$$

在上面的讨论中, 要求覆盖空间 Σ 是连通. 也可以去掉这个条件, 定义不一定连通的分歧覆盖的 Hurwitz 数. 它们的生成函数是

$$H^\bullet(\lambda; p_1, \cdots, p_n, \cdots) := \exp H(\lambda; p_1, \cdots, p_n, \cdots). \tag{20}$$

Hurwitz 数虽然是个几何问题, 但是很容易把它转化为一个代数问题: 它等价于一个求对称群 S_n 上方程的解的个数的问题, 作为群表示论最初的应用之一, 有如下的 Burnside 公式:

$$H^\bullet(\lambda; p_1, \cdots, p_n, \cdots) = \sum_\nu \frac{\dim R_\nu}{|\nu|!} \cdot \mathrm{e}^{\kappa_\nu \lambda/2} \cdot s_\nu, \tag{21}$$

其中 κ_ν 如下定义:

$$\kappa_\nu = \sum_{i=1}^{l(\nu)} (\nu_i - 2i + 1).$$

3.7.3 切并算子

组合学家 Goulden 和 Jackson[13] 在 Hurwitz 数的研究中引进了切并 (cut-and-join) 算子：

$$\begin{aligned}\Delta &= \frac{1}{2}\sum_{i,j}(\gamma_{-i}\gamma_{-j}\gamma_{i+j} + \gamma_{-i-j}\gamma_i\gamma_j)\\ &= \frac{1}{2}\left((i+j)p_ip_j\frac{\partial}{p_{i+j}} + ijp_ip_j\frac{\partial}{\partial p_i}\frac{\partial}{\partial p_j}\right).\end{aligned}$$

这个算子可以看作是组合的拉普拉斯算子, 它的特征向量和特征值由下式给出：

$$\Delta s_\mu = \frac{1}{2}\kappa_\mu \cdot s_\mu.$$

这个公式加上 Burnside 公式即得到：Hurwitz 数满足切并 (cut-and-join) 方程

$$\partial_\lambda H^\bullet(\lambda; p_1, \cdots, p_n, \cdots) = \Delta H^\bullet(\lambda; p_1, \cdots, p_n, \cdots), \tag{22}$$

这是一个线性方程. 也可以写成关于 $H(\lambda; p_1, \cdots, p_n, \cdots)$ 的非线性方程：

$$\partial_\lambda H = \frac{1}{2}\sum_{i,j\geqslant 1}((i+j)p_ip_j\partial_{p_{i+j}}H + ijp_{i+j}\partial_{p_i}\partial_{p_j}H + ijp_{i+j}\partial_{p_i}H\cdot\partial_{p_j}H). \tag{23}$$

3.7.4 ELSV 公式: 从 Hodge 积分到 Hurwitz 数

Hurwitz 数研究的对象是 $\mathbb{P}^1$ 的分歧覆盖, 虽然我们可以允许不同的亏格和不同的分歧类型, 但本质上是个离散的问题, 似乎不牵涉到给定亏格的全部黎曼面的模空间, 更不牵涉到退化的黎曼面 (如稳定曲线). ELSV 公式将 Hurwitz 数 $H_{g,\mu}$ 与 Deligne-Mumford 模空间上的 Hodge 积分联系起来：

$$H_{g,\mu} = \mathcal{H}_{g,\mu}. \tag{24}$$

该等式的右边是一些 Hodge 积分的组合：

$$\mathcal{H}_{g,\mu} = \frac{1}{|\operatorname{Aut}(\mu)|}\prod_{i=1}^{l(\mu)}\frac{\mu_i^{\mu_i}}{\mu_i!}\int_{\overline{\mathcal{M}}_{g,l(\mu)}}\frac{\Lambda_g^\vee(1)}{\prod\limits_{i=1}^{l(\mu)}(1-\mu_i\psi_i)}, \tag{25}$$

其中 $\Lambda_g^\vee(1) = \sum\limits_{i=0}^{g}(-1)^i\lambda_i$, 积分如下定义：

$$\int_{\overline{\mathcal{M}}_{g,l(\mu)}}\frac{\Lambda_g^\vee(1)}{\prod\limits_{i=1}^{l(\mu)}(1-\mu_i\psi_i)} = \int_{\overline{\mathcal{M}}_{g,l(\mu)}}\sum_{i=0}^{g}(-1)^i\lambda_i\prod_{i=1}^{l(\mu)}\sum_{n_i=0}^{\infty}\mu_i^{n_i}\psi_i^{n_i}. \tag{26}$$

当 $g=0$ 时, 如果 $l(\mu)\geqslant 3$, 则有

$$\int_{\overline{\mathcal{M}}_{0,l(\mu)}} \frac{\Lambda_0^\vee(1)}{\prod_{i=1}^{l(\mu)}(1-\mu_i\psi_i)} = (\mu_1+\cdots+\mu_{l(\mu)})^{l(\mu)-3}. \tag{27}$$

我们需要把它当作 $g=0, l(\mu)=1$ 或者 2 时的定义. 也就是说, 虽然 $\overline{\mathcal{M}}_{0,1}$ 和 $\overline{\mathcal{M}}_{0,2}$ 是没有意义的, 我们需要额外定义:

$$\int_{\overline{\mathcal{M}}_{0,1}} \frac{\Lambda_0^\vee(1)}{1-\mu_i\psi_i} = \mu_1^{-2},$$
$$\int_{\overline{\mathcal{M}}_{0,2}} \frac{\Lambda_0^\vee(1)}{\prod_{i=1}^{2}(1-\mu_i\psi_i)} = (\mu_1+\mu_2)^{-1},$$

才能使得 ELSV 公式成立.

3.7.5　从 Hodge 积分到 S_n 的特征标

类似于 Hurwitz 数的情形, 考虑 Hodge 积分 (25) 的生成函数

$$\mathcal{H}(\lambda;p_1,\cdots,p_n,\cdots) := \sum_{\mu\neq\emptyset}\sum_{g\geqslant 0} \frac{\lambda^{r(g,\mu)}}{r(g,\mu)!}\mathcal{H}_{g,\mu}p_\mu \tag{28}$$

以及相应的不一定连通的生成函数:

$$\mathcal{H}^\bullet(\lambda;p_1,\cdots,p_n,\cdots) := \exp\mathcal{H}(\lambda;p_1,\cdots,p_n,\cdots). \tag{29}$$

将 ELSV 公式和 Burnside 公式结合起来, 我们得到

$$\mathcal{H}^\bullet(\lambda;p_1,\cdots,p_n,\cdots) = \sum_\nu \frac{\dim R_\nu}{|\nu|!}\cdot \mathrm{e}^{\kappa_\nu\lambda/2}\cdot s_\nu. \tag{30}$$

这是一个非常有趣的公式, 因为它的左边是一个非常复杂的几何对象, 等式右边是一个看上去相对简单的代数对象. 这个公式是大多数 Witten 猜想的新证明的出发点.

3.7.6　Hodge 积分和切并方程

我在文献 [38] 中做了一个简单的观察：将 ELSV 公式 (24) 与 Hurwitz 数满足的切并方程结合起来, 可以得到 Hodge 积分 (25) 也满足切并方程

$$\partial_\lambda\mathcal{H}^\bullet(\lambda;p_1,\cdots,p_n,\cdots) = \Delta\mathcal{H}^\bullet(\lambda;p_1,\cdots,p_n,\cdots), \tag{31}$$

也可以写成非线性版本：

$$\partial_\lambda \mathcal{H} = \frac{1}{2}\sum_{i,j\geqslant 1}((i+j)p_ip_j\partial_{p_{i+j}}\mathcal{H} + ijp_{i+j}\partial_{p_i}\partial_{p_j}\mathcal{H} + ijp_{i+j}\partial_{p_i}\mathcal{H}\cdot\partial_{p_j}\mathcal{H}). \quad (32)$$

由于显然有

$$H(0;p_1,\cdots,p_1,\cdots,p_n,\cdots) = p_1, \quad (33)$$

故由 (31) 得到

$$\mathcal{H}^\bullet = \mathrm{e}^{\lambda\Delta}\mathrm{e}^{p_1}. \quad (34)$$

我们前面已经介绍了 ψ 类的积分满足两种微分方程, 非线性的 KdV 方程族或者是线性的 DVV 的 Virasoro 约束. 我的简单观察说明特殊的 Hodge 积分满足一个新的微分方程：切并方程. 我做这个观察的动机是既然切并方程可以计算如 (25) 型的 Hodge 积分, 它也可能可以推广用来证明 Mariño-Vafa 猜想 [38]. 在与合作者的工作中, 这个想法不仅得到证实 [24], 而且得到了推广 [23, 25]. 这可能是由于切并方程一定程度上反映了 Deligne-Mumford 模空间的分层结构 (例如 (1)). 这种结构是模空间的内在性质, 耐人寻味的是我们是通过相对稳定映射的模空间[22] 这种 "外在" 的几何对象来建立这种性质的. 后来刘克峰和他的几个学生从切并方程出发给出了 Witten 猜想的两个证明 [4, 17], 再次说明了这个方程在代数曲线的模空间研究中的相关性.

3.7.7 Mariño-Vafa 公式

对任意分拆 $\mu = (\mu_1,\cdots,\mu_{l(\mu)})$, 考虑如下的 Hodge 积分的组合：

$$\begin{aligned}\mathcal{C}_{g,\mu}(a) = & -\frac{\sqrt{-1}^{|\mu|+l(\mu)}}{|\operatorname{Aut}(\mu)|}(a(a+1))^{l(\mu)-1}\prod_{i=1}^{l(\mu)}\frac{\prod_{a=1}^{\mu_i-1}(\mu_i a + a)}{(\mu_i-1)!}\\ & \cdot\int_{\overline{\mathcal{M}}_{g,l(\mu)}}\frac{\Lambda_g^\vee(1)\Lambda_g^\vee(-a-1)\Lambda_g^\vee(a)}{\prod_{i=1}^{l(\mu)}(1-\mu_i\psi_i)}.\end{aligned} \quad (35)$$

如上一节的情形, 注意到当 $l(\mu)\geqslant 3$ 时, 有

$$\int_{0,l(\mu)}\frac{\Lambda_0^\vee(1)\Lambda_0^\vee(a)\Lambda_0^\vee(-1-a)}{\prod_{i=1}^{l(\mu)}(1-\mu_i\psi_i)} = \int_{0,l(\mu)}\frac{1}{\prod_{i=1}^{l(\mu)}(1-\mu_i\psi_i)} = |\mu|^{l(\mu)-3}.$$

我们用这个等式将定义延拓到 $(g,n)=(0,1)$ 和 $(0,2)$ 的情形. Mariño-Vafa 猜想了如下的等式[28]:

$$\exp\sum_{|\mu|\geqslant 1}\sum_{g\geqslant 0}\lambda^{2g-2+l(\mu)}\mathcal{C}_{g,\mu}(a)p_\mu=\sum_{|\nu|\geqslant 0}q^{a\kappa_\nu/2}\sqrt{-1}^{|\nu|}s_\nu(q^\rho)\cdot s_\nu, \tag{36}$$

其中 $q=\mathrm{e}^{\sqrt{-1}\lambda}$, $s_\nu(q^\rho)=s_\nu(q^{-1/2},q^{-3/2},\cdots)$. 类似于 ELSV 公式, 这个公式的左边是一个非常复杂的几何对象, 而等式的右边是一个相对简单的代数对象.

Mariño 和 Vafa 基于 Chern-Simons 扭结理论[35] 的大 N 展开对偶于拓扑弦论的猜想[37] 推导出这个公式. 这是一个非常有趣但是同时又是非常长的一个故事, 此处只好省略了. MV 公式的右边是解结 (unknot) 的着色 (colored)HOMFLY 多项式的大 N 展开的首项, 它可由对应于 SU(N) 的 Kac-Moody 代数或量子群的表示论得到. 简言之, 由仿射 Kac-Moody 的可积表示 (integrable representations) 的特征标的模性质,

$$\chi^\mu\left(-\frac{1}{\tau}\right)=\sum_\nu S^\mu_\nu(\tau)\cdot\chi^\nu(\tau),$$
$$\chi^\mu(\tau+1)=\mathrm{e}^{2\pi\mathrm{i}\kappa_\mu\tau/2}\chi^\mu(\tau).$$

令 $q=\mathrm{e}^{2\pi\mathrm{i}\tau}$, 则

$$s_\mu(q^\rho)=\frac{S^\mu_0(\tau)}{S^0_0(\tau)}.$$

MV 公式右边也可以放在 Hecke 代数的表示论的框架下来理解:

$$\sum_\nu\frac{\dim_q R_\nu}{[n]!}\mathrm{e}^{\sqrt{-1}a\kappa_\nu\lambda/2}s_\nu,$$

其中 $[n]!=[n][n-1]\cdots[1]$, $[k]=\mathrm{e}^{\sqrt{-1}k\lambda/2}-\mathrm{e}^{-\sqrt{-1}k\lambda/2}$. 这里 $\dim_q R_\nu$ 是 3.4.6 节的量子维数.

Mariño-Vafa 公式有两个证明, 我和刘秋菊、刘克峰[24] 的证明使用了文献 [38] 中建议的切并方程的方法, 代数方面建立这个方程的方法前面已经介绍, 几何上我们使用了相对稳定映射 (relative stable maps) 的模空间. 这类映射首先由李安民和阮勇斌在辛几何的范畴引进, 我们使用的李骏引进的代数几何版本. 另一个证明属于 Oukounkov 和 Pandharipande[33], 他们的证明使用普通的稳定映射的模空间. 下面将介绍我们的方法可以推广, 用来建立 Chern-Simons 扭结理论的大 N 展开与局部 Calabi-Yau 3- 流形的拓扑弦论之间的对偶.

3.7.8 双分拆 Hodge 积分公式

在 Mariño-Vafa 公式的基础上我猜想了一个涉及两个分拆的 Hodge 积分的猜想[39]. 给定一对分拆 (μ^+,μ^-) (其中一个可以是空的), 考虑如下 Hodge 积分的组合:

$$\begin{aligned}G_{\mu^+,\mu^-}(x,y)=&-\frac{\sqrt{-1}^{l(\mu^+)+l(\mu^-)}}{z_{\mu^+}\cdot z_{\mu^-}}\cdot[xy(x+y)]^{l(\mu^+)+l(\mu^-)-1}\\&\cdot\sum_{g\geqslant 0}\lambda^{2g-2}\int_{\overline{\mathcal{M}}_{g,l(\mu^+)+l(\mu^-)}}\frac{\Lambda_g^\vee(x)\Lambda_g^\vee(y)\Lambda_g^\vee(-x-y)}{\prod\limits_{i=1}^{l(\mu^+)}\frac{x}{\mu_i^+}\left(\frac{x}{\mu_i^+}-\psi_i\right)\prod\limits_{j=1}^{l(\mu^-)}\frac{y}{\mu_i^-}\left(\frac{y}{\mu_j^-}-\psi_{j+l(\mu^+)}\right)}\\&\cdot\prod_{i=1}^{l(\mu^+)}\frac{\prod\limits_{a=1}^{\mu_i^+-1}(\mu_i^+y+ax)}{\mu_i^+!x^{\mu_i^+-1}}\cdot\prod_{i=1}^{l(\mu^-)}\frac{\prod\limits_{a=1}^{\mu_i^--1}(\mu_i^-x+ay)}{\mu_i^-!y^{\mu_i^--1}}.\end{aligned}$$

令 $\boldsymbol{p}^\pm=(p_1^\pm,\cdots,p_n^\pm,\cdots)$, 考虑生成级数

$$G^\bullet(x,y;\boldsymbol{p}^+,\boldsymbol{p}^-)\quad=\quad\exp\left(\sum_{\mu^+,\mu^-}G_{\mu^+,\mu^-}(x,y)p_{\mu^+}^+p_{\mu^-}^-\right).$$

下面的公式推广了 Mariño-Vafa 公式:

$$G^\bullet(x,y;\boldsymbol{p}^+,\boldsymbol{p}^-)=R^\bullet(x,y;\boldsymbol{p}^+,\boldsymbol{p}^-),$$

该等式的右边是

$$R^\bullet(x,y;\boldsymbol{p}^+,\boldsymbol{p}^-)=\sum_{\mu^+,\mu^-}\mathrm{e}^{\sqrt{-1}(\kappa_{\nu^+}y/x+\kappa_{\mu^-}x/y)\lambda/2}\mathcal{W}_{\mu^+,\mu^-}(q)s_{\mu^+}^+s_{\mu^-}^-,$$

其中

$$\mathcal{W}_{\mu,\nu}(q)=\frac{S_\nu^\mu}{S_0^0}$$

是 Hopf 连接 (link) 的着色 HOMFLY 多项式的大 N 展开的首项. 与合作者刘秋菊、刘克峰的合作中[25] 给出的这个猜想的证明推广了我们对 Mariño-Vafa 猜想的证明. 在这些工作的基础上, 可以得到环曲面 (toric surface) 的典范线从的局部 Gromov-Witten 不变量的计算公式. 进一步的推广是与李骏、刘秋菊、刘克峰的合作中给出一个涉及三个分拆的 Hodge 积分公式, 这个公式是我们建立的拓扑顶点[2] 的数学理论[23] 的基础.

3.7.9 Hodge 积分与可积方程族

将本节的几个关于 Hodge 积分的公式与 boson-fermion 对应相结合, 通过京都学派的工作可以得到这些 Hodge 积分与可积方程族的关系[1, 16, 40]. 简言之, 这些公式将涉及一、二、三个分拆的这些特殊的 Hodge 积分的组合的生成函数分别等同于 $\Lambda, \Lambda^{\otimes 2}, \Lambda^{\otimes 3}$ 中的某个元素. 通过波色–费米对应, 可以看出它们分别给出了一、二、三个分量的 KP 方程族的 τ 函数. 按照物理学家的猜想[1], 它们的费米表象应该是 Bogoliubov 变换. 这方面的结果可以参看文献 [7, 8].

3.8 结　　论

代数曲线的模空间虽然是 Gromov-Wittten 理论及其各种推广的理论中最为简单、最为特殊的一类模空间, 但它们也是最为基本的. 通过对它们的研究, 应该可以对一般的情形提供启发和研究的范式. 本文介绍了代数曲线的模空间研究的以下几个方面:

(1) 与可积系统的联系;

(2) Virasoro 类型的约束;

(3) 与表示论的关系;

(4) 在波色–费米变换下的简单表达式.

没有介绍的是:

(5) 与超几何级数的关系;

(6) 与模形式理论的关系.

其中第一、第二方面已经被推广到一般的情形, 第三、第四方面仍有待推广. 第五、第六方面首先出现在卡拉比–丘 3 维形的镜像对称的研究中, 利用 Witten-Kontsevich τ 函数的新进展[42] 在代数曲线的模空间理论中也可以建立这种联系, 这是出乎意料的.

致谢　感谢数学所讲座主持人邀请我做这个报告, 他仔细阅读了文稿并提出了详细的修改意见, 使得本文能更好地被读者所阅读. 本文中提到的我自己的工作都是在国家自然科学基金委的资助下完成的, 在此表示感谢.

参 考 文 献

[1] Aganagic M, Dijkgraaf R, Klemmn A, Mariño M, Vafa C. Topological strings and integrable hierarchies. Commun. Math. Phys., 2006, 261(2): 451-516.

[2] Aganagic M, Klemm A, Mariño M, Vafa C. The topological vertex. Commun. Math. Phys., 2005, 254(2): 425-478.

[3] Alexandrov A. Cut-and-join operator representation for Kontsevich-Witten tau-function. Modern Phys. Lett. A, 2011, 26(29): 2193-2199.

[4] Chen L, Li Y, Liu K. Localization, Hurwitz numbers and the Witten conjecture. Eprint arXiv:math/0609263.

[5] Deligne P, Mumford D. The irreducibility of the space of curves of given genus. Publ. Math. IHES, 1969, 36(1): 75-109.

[6] Date E, Jimbo M, Kashiwara M, Miwa T. Solitons: Differential Equations, Symmetries and Infinite Dimensional Algebras. Cambridge Tracts in Math., 135, 2000.

[7] Deng F, Zhou J. On fermionic representation of the framed topological vertex. Eprint, arXiv:1111.0415.

[8] Deng F, Zhou J. Fermionic gluing principle of the topological vertex. Journal of High Energy Physics, 2012, 2012: 166.

[9] Faber C. Tautological algebras of moduli spaces of curves. In Moduli Spaces of Riemann Surfaces. Farb B, Hain R, Looijenga E (editors), AMS, 2013.

[10] Fulton W. Young Tableaux: With Applications to Representation Theory and Geometry, CUP, 1997.

[11] Gel'fand, L. A. Dikii, Asymptotic behavior of the Sturm-Liouville equations and the algebra of the Korteweg-de Vries equations. Russ. Math. Surv., 1975, 30: 77-113.

[12] Gel'fand I M, Dikii L A. Fractional powers of operators and Hamiltonian systems, Func. Anal. Appl., 1976, 10: 259-273.

[13] Goulden I, Jackson D. Transitive factorisations into transpositions and holomorphic mappings on the sphere. Proc.Amer.Math.Soc., 1997, 125: 51-60, math/9903094.

[14] Harer J, Zagier D. The Euler Characteristic of the Moduli Space of Curves. Inv. Math., 1986, 85: 457-485.

[15] Kac V, Schwarz A. Geometric interpretation of the partition function of 2D gravity. Phys. Lett. B, 1991, 257: 329-334.

[16] Kazarian M, Lando S. An algebro-geometric proof of Witten's conjecture. JAMS., 2007, 20: 1079-1089.

[17] Kim Y S, Liu K. A simple proof of Witten conjecture through localization. Eprint arXiv:math.AG/0508384.

[18] Kontsevich M. Intersection theory on the moduli space of curves and the matrix Airy function. Commun. Math. Phys., 1992, 147: 1-23.

[19] Korteweg D J, de Vries G. On the change of form of long waves advancing in a rectangular canal, and on a new type of long stationary waves. Phil. Mag., 1895, 39: 422-443.

[20] Knudsen F F. The projectivity of the moduli space of stable curves, II: The stacks $M_{g,n}$. Mathematica Scandinavica, 1983, 52: 161-199.

[21] Lax P D. Integrals of nonlinear equations of evolution and solitary waves. COMM. Pure Appl. Math., Vol. XXI, 1968: 467-490.

[22] Li J. A degeneration formula of GW-invariants. Journ. Diff. Geom., 2002, 60: 199-293.

[23] Li J, Liu C C, Liu K, Zhou J. A mathematical theory of the topological vertex. Geometry & Topology, 2009, 13: 527-621.

[24] Liu C C, Liu K, Zhou J. A proof of a conjecture of Mariño-Vafa on Hodge Integrals. J. Differential Geom., 2003, 65: 289-340.

[25] Liu C C, Liu K, Zhou J. A formula of two-partition Hodge integrals. J. Amer. Math. Soc., 2007, 20(1): 149-184.

[26] Liu K, Xu H. The n-point functions for intersection numbers on moduli spaces of curves. Adv. Theor. Math. Phys., 2011, 15: 1201-1236, arXiv:math/0701319.

[27] MacDonald I G. Symmetric functions and Hall polynomials. Second edition. With contributions by A. Zelevinsky. Oxford Mathematical Monographs. Oxford Science Publications. New York: The Clarendon Press, Oxford University Press, 1995.

[28] Mariño M, Vafa C. Framed knots at large N, Orbifolds in mathematics and physics (Madison, WI, 2001), 185-204, Contemp. Math., 310. Amer. Math. Soc., Providence, RI, 2002.

[29] Mirzakhani M. Weil-Petersson volumes and intersection theory on the moduli space of curves. JAMS, 2007, 20: 1-23.

[30] Mumford D. Towards an enumerative geometry of the moduli space of curves, Arithmetics and geometry: Papers Dedicated to I.R. Shafarevich on the Occasion of His Sixtieth Birthday, Vol. 2, 271-326. Prog. Math. 35, Birkhaäuser, 1983.

[31] Okounkov A. Generating functions for intersection numbers on moduli spaces of curves. Int. Math. Res. Not., 2002, 18: 933-957.

[32] Okounkov A, Pandharipande R. Gromov-Witten theory, Hurwitz numbers, and Matrix models, I. Eprint arXiv:math/0101147.

[33] Okounkov A, Pandharipande R. Hodge integrals and invariants of the unknot. Geometry & Topology, 2004, 8(17): 675-699.

[34] Penner R C. Perturbative series and the moduli space of Riemann surfaces. J. Differential Geom., 1988, 27: 35-53.

[35] Witten E. Quantum field theory and the Jones polynomial. Commun. Math. Phys., 1989, 121: 351-399.

[36] Witten E. Two-dimensional gravity and intersection theory on moduli space. Surveys in Differential Geometry, 1991, (1): 243-310.

[37] Witten E. Chern-Simons gauge theory as a string theory. The Floer Memorial Volume, 637-678. Progr. Math., 133. Birkh auser, Basel, 1995.

[38] Zhou J. Hodge integrals, Hurwitz numbers, and symmetric groups. Math.AG/0308024.

[39] Zhou J. A conjecture on Hodge integrals. arXiv:math/0310282.

[40] Zhou J. Hodge integrals and integrable hierarchies. Lett. Math. Phys., 2010, 93(1): 55-71.

[41] Zhou J. Intersection numbers on Deligne-Mumford moduli spaces and quantum Airy curve. Eprint, ArXiv:1206.5896, 2012.

[42] Zhou J. Explicit formula for Witten-Kontsevich tau-function. Eprint arXiv:1306.5429, 2013.

4 复动力系统与熵函数

蒋云平

实二次多项式族是一个简单的数学模型, 但作为动力系统却非常复杂且十分有趣, 其中熵函数的单调性是一个重要的课题. 复动力系统在这个课题的研究中起到十分重要的作用, 本文对此做一简介.

4.1 熵 函 数

在一杯清水中倒入一小勺牛奶, 刚开始牛奶在水中是一些平滑曲线, 但随着时间的增加, 这些曲线越来越弯曲, 最后均匀分布在水中.

在静止的空间中点燃一根香烟, 刚开始向上升起的烟是一些平滑曲线, 但随着时间的增加, 这些曲线越来越弯曲, 最后一团混乱.

这两个现象说明, 在一个系统中, 随着时间的变化, 运动往往是从有序到混沌. 有趣的工作是在这些混沌的运动中找到规律及法则, 即用数学的语言, 在复杂的物理运动中找到刻画它们的不变量是特别重要的事情.

熵就是这些不变量中重要的一个. 它是由信息论引入到动力系统的一个重要概念, 被用来刻画一个动力系统的复杂程度.

在信息论中, 如果 n 个字符中第 i 个字符出现的频率是 p_i, $p_1 + \cdots + p_n = 1$, 那么信息熵是用量

$$\mathrm{Ent} = \sum_{i=1}^{n} -p_i \log p_i$$

来刻画的[13].

之后熵被引入到可测动力系统的研究中. 假设 (X, m) 是一个概率空间, 其中 m 是 X 上的一个概率测度. 假设 $f : X \to X$ 是一个保测变换. 对一正整数 n, f 的 n 次复合记作 f^n, 并称为 n 次迭代. 恒等映射记为 f^0. 那么 f 的测度熵是

$$\mathrm{Ent}_m(f) = \sup_{\eta} \lim_{n\to\infty} \frac{1}{n} \sum_{A \in \bigvee_{k=0}^{n} f^{-k}(\eta)} -m(A) \log m(A).$$

公式中 η 是 X 的一个有限可测划分, 即 η 是由有限个两两互不相交的可测子集 $X_1, \cdots, X_k$ 组成并且 $X = \cup_{i=1}^{k} X_i$. 两个有限可测划分 $\eta = \{X_i\}_i$ 和 $\eta' = \{Y_j\}_j$ 的

细划分记作 $\eta\bigvee\eta'$ 并定义为 $\eta\bigvee\eta'=\{X_i\cap Y_j\}_{i,j}$. $f^{-k}(\eta)$ 是 η 被 f^k 拉回的划分, $\bigvee_{k=0}^{n}f^{-k}(\eta)$ 是所有划分 $f^{-k}(\eta)$, $k=0,1,\cdots,n$ 的细划分, 而上确界是对所有有限可测划分 η 而取的[14].

如果再对所有的不变概率测度 m 取上确界, 就可以定义紧度量空间 X 上连续映射 $f:X\to X$ 的拓扑熵,

$$\mathrm{Ent}(f)=\sup_m \mathrm{Ent}_m(f).$$

拓扑熵也可以用 X 上的 (n,ε) 分离集来定义. 假设 $d(\cdot,\cdot)$ 是紧度量空间 X 上的度量, 对每一个自然数 n, 定义相对于连续映射 f 的新度量为

$$d_n(x,y)=\max\{d(f^i(x),f^i(y))\ ;\ 0\leqslant i\leqslant n-1\}.$$

一个 X 中的有限子集称为一个 (n,ε) 分离集, 如果它中间的任何两个不同点的 d_n 距离都大于或等于 ε. 记 $N(n,\varepsilon)$ 为所有 (n,ε) 分离集的最大基数, 那么拓扑熵也可以定义为[2]

$$\mathrm{Ent}(f)=\lim_{\varepsilon\to 0}\overline{\lim_{n\to\infty}}\frac{1}{n}\log N(n,\varepsilon).$$

拓扑熵越大说明动力系统的混沌度越大.

拓扑熵是拓扑共轭不变量. 具体地说, 给定两个动力系统 $f,g:X\to X$ (即映射 f 和 g 并考虑所有的迭代 $\{f^n\}_{n=0}^{\infty}$ 和 $\{g^n\}_{n=0}^{\infty}$), 如果存在一个同胚映射 $h:X\to X$ 使得 $h\circ f=g\circ h$, 那么 f 和 g 被称为是拓扑共轭的 (这也自然地导出 $h\circ f^n=g^n\circ h$). 如果 f 和 g 是拓扑共轭的, 那么 $\mathrm{Ent}(f)=\mathrm{Ent}(g)$.

实二次多项式

$$q_t(x)=tx(1-x):[0,1]\to[0,1]$$

有一个临界点 1/2, 即 $q_t'(1/2)=0$, 所以它是一个非线性动力系统.

从有序到混沌可以在实二次多项式动力系统族 $\{q_t\}_{2\leqslant t\leqslant 4}$ 中表现出来. 也就是说, 拓扑熵 $\mathrm{Ent}(q_t):[2,4]\to[0,\log 2]$ 是 t 的连续满射, 特别地, $\mathrm{Ent}(q_2)=0$, 作为动力系统 q_2 是非常简单的, $\mathrm{Ent}(q_4)=\log 2$, 作为动力系统 q_4 是非常复杂的.

定义正规化后的函数

$$\mathrm{ent}(t)=\frac{1}{\log 2}\mathrm{Ent}(q_t):[2,4]\to[0,1]$$

为实二次多项动力系统族的熵函数. 下面是用计算机绘制的熵函数图像 (当 $2\leqslant t\leqslant 3.5$ 时, $\mathrm{ent}(t)=0$). 从图形上看熵函数像一个魔鬼阶梯.

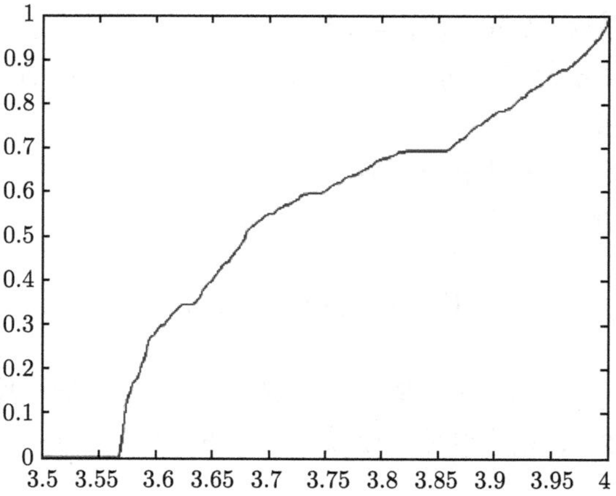

实二次多项式动力系统熵函数 ent(t) 的计算机图形

给定 q_t 和一个正整数 n, 如果 $q_t^n(p) = p$ 但是 $p_i = q_t^i(p) \neq p, 1 \leqslant i \leqslant n-1$, 点 $p \in [0,1]$ 被称为周期为 n 的周期点. 这时集合 $\{p_0 = p, p_1, \cdots, p_{n-1}\}$ 称为一个周期轨道. 这个周期轨道称为是

(1) 吸引的, 如果 $|(q_t^n)'(p)| < 1$;

(2) 排斥的, 如果 $|(q_t^n)'(p)| > 1$;

(3) 抛物的, 如果 $|(q_t^n)'(p)| = 1$.

如果 q_t 有一个吸引或抛物的周期轨道, 那么这个轨道是唯一的, 并且临界点的轨道 $\{q_t^n(1/2)\}_{n=0}^{\infty}$ 趋向这个轨道.

我们用 Λ 来代表所有的参数 t 使得 q_t 没有吸引或抛物的周期轨道组成的集合. 下面的定理说明 Λ 中不再包括使得熵函数的图像是局部平坦的区间.

定理　*熵函数 ent(t) 是弱单调递增的并且在 Λ 上是严格单调递增的.*

虽然这个定理的陈述是关于实二次多项式动力系统族的, 但现有的证明却是用复分析完成的. 对此, 下面试图做一简介.

4.2　动力学分类

q_t 可以自然地延拓为一个复二次多项式

$$Q_t(z) = tz(1-z),$$

这里 $z = x + \mathrm{i}y$ 是复数. 这一事实使得复动力系统中的方法和结果得以应用.

首先为了方便起见, 我们考虑一个类二次多项式

$$f : U \to V,$$

这里 U 和 V 是复平面 $\mathbb{C}$ 上的两个单连通开区域使得 $1/2 \in U$ 并且闭包 $\overline{U} \subset V$, 其中 f 是度为 2 的解析、正则、满射且有唯一的一个临界点 1/2. 假设 f 把 U 中的实数点映到 V 中的实数点. 我们把 f 称作实类二次多项式.

取 $U = \{z \in \mathbb{C}; |z - 1/2| < r\}$ 和 $V = Q_t(U)$. 对每个固定的 $2 \leqslant t \leqslant 4$, 当 $r > 0$ 充分大时, $\overline{U} \subset V$ 并且 $f = Q_t : U \to V$ 是一个实类二次多项式.

临界点 1/2 的向前轨道的闭包

$$P_f = \overline{\left\{f^n\left(\frac{1}{2}\right)\right\}_{n=1}^{\infty}}$$

在研究中起着重要的作用: 如果考虑所有迭代的逆像分支 f^{-n}, 那么 P_f 就是这些分支奇点集的闭包.

P_f 是一个不变子集, 即 $f(P_f) \subseteq P_f$. 利用 P_f, f 有下面动力学上的分类:

(i) 临界有限的;

(ii) 几何有限的;

(iii) 有限次可重整的;

(vi) 无限次可重整的;

(a) 有界无限次可重整的;

(b) 无界无限次可重整的.

一个实类二次多项式 $f : U \to V$ 被称作是临界有限的, 如果 P_f 是有限的; 被称作是几何有限的, 如果 P_f 是无限的但极限点集 P_f' 是有限的. 在几何有限的情况下, 极限点集 P_f' 是一个吸引或抛物的周期轨道.

一个没有吸引和抛物周期轨道的实类二次多项式 $f : U \to V$ 被称作是可重整的, 如果 P_f 可以分解为 $n \geqslant 2$ 个子集 $P_1, \cdots, P_n$ 使得 P_1 是一个实类二次多项式 $f_1 = f^n : U_1 \to V_1$ 的临界点 1/2 的向前轨道的闭包, 也即 $P_{f_1} = P_1$, 并且当 $1 \leqslant i \leqslant n-1$ 时, $f : P_i \to P_{i+1}$ 是单和满射, 其中最小的正整数 n 被称作**可重整的阶数**.

对 $f_1 : U_1 \to V_1$ 又可考虑如上的分解. 如果这一分解可以一直做下去, 那么, f 被称作**无限次可重整的**; 如果这一分解在某一步后无法做下去 (包括第零步), 那么, f 被称作**有限次可重整的**.

在无限次可重整的情况下, 每次重整的阶数形成了一个正整数序列

$$n_1, n_2, \cdots, n_k, \cdots.$$

如果这个序列是有界的, 那么 f 被称作有界无限次可重整的; 如果这个序列是无界的, 那么 f 被称作无界无限次可重整的. 特别地, f 被称作是 Feigenbaum 的, 如果这个序列是 $2, 2, 2, \cdots, 2, \cdots$.

4.3 组合刚性

实二次多项式 q_t 的拓扑动力学性质是由它的揉序列来决定的. 划分 $[0,1]$ 为 $L=[0,1/2)$, $C=\{1/2\}$ 和 $R=(1/2,1]$. 每一个 q_t 对应一个由字母 L,C,R 组成的揉序列

$$k_t = w_1 w_2 \cdots w_n \cdots ,$$

这里

- $w_n = L$, 如果 $q_t^n(1/2) \in L$;
- $w_n = C$, 如果 $q_t^n(1/2) \in C$;
- $w_n = R$, 如果 $q_t^n(1/2) \in R$.

我们有 $k_t = k_s$ 当且仅当 $\mathrm{ent}(t) = \mathrm{ent}(s)$.

在揉序列上可以定义一个偏序: 首先, $L < C < R$; 给定两个揉序列

$$k_t = w_1 w_2 \cdots w_n w_{n+1} \cdots , \quad k_s = w_1 w_2 \cdots w_n w'_{n+1} \cdots ,$$

且 $w_{n+1} \neq w'_{n+1}$, 我们说 $k_t < k_s$, 如果 $w_1 w_2 \cdots w_n$ 中有偶数个 R 并且 $w_{n+1} < w'_{n+1}$, 或者 $w_1 w_2 \cdots w_n$ 有奇数个 R 并且 $w_{n+1} > w'_{n+1}$.

如果 $k_t < k_s$, 就有临界有限二次多项式 q_b 的揉序列 k_b 使得 $k_t \leqslant k_b \leqslant k_s$.

对于临界有限的二次多项式, 它的揉序列也决定了它的组合等价类. 即如果 q_t 与 q_s 都是临界有限的且 $k_t = k_s$, 那么有两个从黎曼球面 $\overline{\mathbb{C}}$ 到自身的同胚映射 ϕ 和 ψ 并且相对于集合 $E = P_{Q_t} \cup \{\infty\}$ 是同伦的 (具体陈述见后页) 使得

$$Q_t \circ \psi = \phi \circ Q_s. \tag{1}$$

组合刚性是指 (1) 导出 $t = s$. 因此, 组合刚性可以导出熵函数是弱递增的. 这是因为若有 $2 \leqslant t < s \leqslant 4$ 使得 $\mathrm{ent}(t) > \mathrm{ent}(s)$(注意 $0 = \mathrm{ent}(2) < \mathrm{ent}(4) = 1$), 熵函数的连续性以及类似微积分中的中值定理导出有两个临界有限的二次多项式 q_a 和 q_b 使得 $t \leqslant a < b \leqslant s$ 且 $k_a = k_b$. 这和组合刚性是矛盾的.

Milnor 和 Thurston 在文章 [12] 中研究了揉序列和组合刚性问题并指出组合刚性是复分析中 Teichmüller 唯一极值拟共形映射定理的一个应用[18]. 下面我们将对此作一简介.

假设 E 是 $\overline{\mathbb{C}}$ 上一个包含至少三个点的有限子集. 假设 ϕ 是定义在 $\overline{\mathbb{C}}$ 上的一个到自身的保向同胚. 进一步, 假设 ϕ 在 $\overline{\mathbb{C}} \setminus E$ 上是一 C^1 微分同胚. 我们说 ϕ 是一个 K 拟共形映射 (这里 $K \geqslant 1$), 如果对 $\overline{\mathbb{C}} \setminus E$ 中的每个点 p, ϕ 的导映射 $D_p\phi$ 把切空间 $T_p\overline{\mathbb{C}}$ 中的单位圆周映到切空间 $T_{\phi(p)}\overline{\mathbb{C}}$ 的椭圆并且椭圆的长轴和短轴之

比小于或等于 K. 利用 $\overline{\mathbb{C}}$ 上在 p 点的局部坐标 z, 我们可以计算 ϕ 的偏导数 ϕ_z 和 $\phi_{\overline{z}}$. 考虑

$$\mu_\phi(z) = \frac{\phi_{\overline{z}}(z)}{\phi_z(z)}$$

作为复伸缩商. 那么 ϕ 是 K 拟共形的当且仅当

$$|\mu_\phi(z)| \leqslant k = \frac{K-1}{K+1}, \quad \forall\ z \in \overline{\mathbb{C}} \setminus E.$$

给定一个拟共形映射 ϕ, 记

$$k(\phi) = \|\mu_\phi\|_\infty, \quad K(\phi) = \frac{1+k(\phi)}{1-k(\phi)}.$$

这里 $K(\phi)$ 是最小的常数使得 ϕ 是 $K(\phi)$ 拟共形的.

两个拟共形映射 ϕ 和 ψ 是相对于 E 同伦等价的, 如果存在定义在 $[0,1] \times \overline{\mathbb{C}}$ 上的连续映射 $H(t,p)$ 使得

(a) 对所有的 $p \in \overline{\mathbb{C}}$, $H(0,p) = \phi(p)$;

(b) 对所有的 $p \in \overline{\mathbb{C}}$, $H(1,p) = \beta \circ \psi(p)$, 这里 β 是 $\overline{\mathbb{C}}$ 到自身的一个保向共形映射; 并且

(c) 对所有的 $t \in [0,1]$ 和 $p \in E$, $H(t,p) = \phi(p) = \beta \circ \psi(p)$.

记 $[\phi]$ 为同伦等价类并记

$$K_0 = \inf_{\psi \in [\phi]} K(\psi).$$

Teichmüller 唯一极值拟共形映射定理说明在同伦等价类 $[\phi]$ 中有唯一的一个 ϕ_0 使得 $K(\phi_0) = K_0$, 并且存在一个 $\overline{\mathbb{C}} \setminus E$ 上的可积全纯二次微分 $\alpha = \alpha(z)\mathrm{d}z^2$ 使得

$$\mu_{\phi_0}(z) = k_0 \frac{\overline{\alpha(z)}}{|\alpha(z)|}, \quad k_0 = \frac{K_0-1}{K_0+1}. \tag{2}$$

假如 (1) 中的 ϕ 不是恒等映射. 取它同伦等价类中的极值映射 ϕ_0, 使得 (1) 成立. 记 (1) 中对应的 ψ 记为 ψ_0. 由于 ϕ_0 和 ψ_0 是相对于 E 同伦等价的并且由于 Q_t 和 Q_s 在 $\overline{\mathbb{C}} \setminus E$ 上都是局部共形的, ψ_0 也是这一同伦等价类中的极值映射. 因此 $\psi_0 = \phi_0$.

如果 ϕ_0 不是一个保向共形映射, 就有一个在 $\overline{\mathbb{C}} \setminus E$ 上非零可积全纯二次微分 $\alpha = \alpha(z)\mathrm{d}z^2$ 使得等式 (2) 成立, 其中 α 只在 E 上取一阶极点并有一个由有限个点组成的零点集合. 记 F 为 α 的所有极点和零点组成的集合. 但是, 由于 (1) 以及 Q_t 和 Q_s 都是复二次多项式 (因此, 它们不可能是 Lattès 映射并且每个除临界值或 ∞ 的点都有两个不同的逆像), α 在 F 外还有其他的零点或极点. 这就导

出矛盾. 所以 ϕ_0 一定是一个保向共形映射. 黎曼球面上的保向共形映射是一个 Möbius 变换 $(az+b)/(cz+d)$, $ad-bc\neq 0$. 但它又是 Q_t 和 Q_s 间的共轭, 所以它只能是恒等映射. 因此 $t=s$.

在黎曼球面上临界有限和几何有限的分歧覆盖方面, 另一个关于组合刚性更加深刻的理论是 Thurston 在 Teichmüller 空间上的迭代理论. 有兴趣的读者可以阅读作者在 Milnor 八十岁生日论文集上的综述性文章[6].

4.4 拓扑刚性

现在考虑有限次可重整和无限次可重整点组成的集合 Λ.

假设 q_t 是一个有限次可重整或无限次可重整的. 对任何满足 $\mathrm{ent}(t)=\mathrm{ent}(s)$ 的 q_s, q_s 和 q_t 有相同的揉序列 $k_t=k_s$, 同时又可以导出它们是拓扑共轭的, 即存在定义在 $[0,1]$ 上的保向同胚 h 使得

$$q_t\circ h=h\circ q_s.$$

由于熵函数的弱递增性, 这样的 s 组成的集合 Top_t 或者是一个单点集 $\{t\}$ 或者是一个区间. 严格递增归结为 $\mathrm{Top}_t=\{t\}$, 即拓扑刚性.

Sullivan 在 20 世纪八九十年代根据三维双曲流形中的 Mostow 刚性定理证明提出了一个证明拓扑刚性的具体计划[7, 11, 16, 17]:

(1) 首先证明拓扑共轭 h 具有一定的几何性质, 即它是拟对称的.

(2) 利用拟对称的几何性质以及 q_t 在无穷远点附近的动力学性质, 把 h 延拓到整个黎曼球面上的一个拟共形同胚映射 H 使得

$$Q_t\circ H=H\circ Q_s.$$

(3) 如果 H 不是共形的, 那么它导出一个在 Q_t 的 Julia 集上的 Q_t 不变线域.

(4) 如有预值估计, Q_t 的 Julia 集上不可能有 Q_t 不变线域.

h 被称作是拟对称的, 如果存在一个常数 $M>0$ 使得对所有的 $x\in[0,1]$ 和 $t>0$ 使得 $x+t, x-t\in[0,1]$, 有

$$M^{-1}\leqslant\frac{|h(x+t)-h(x)|}{|h(x)-h(x-t)|}\leqslant M.$$

复分析中有如下结论: h 是拟对称的当且仅当它是一个黎曼球面上拟共形映射在实轴上的限制[1].

Q_t 的 Julia 集 J_t 是由所有复平面上 Q_t 迭代下不趋向于无穷的点组成的集合, 即

$$J_t = \{z \in \mathbb{C};\ Q_t^n(z) \not\to \infty,\ \text{当}\ n \to \infty\}.$$

J_t 上的一个线域是在几乎处处点 $z \in J_t$ 的切空间上定义的一条过零点的直线. 更确切地说, 是定义在 J_t 上的 Beltrami 微分 $\mu = \mu(z)\mathrm{d}\overline{z}/\mathrm{d}z$ 使得 $|\mu(z)| = 1$, 这里 $\mu(z)$ 在 J_t 上的几乎处处点 z 有定义.

一个线域 μ 是 Q_t 不变的, 如果 $Q_t^*\mu = \mu$, 即

$$\mu(Q_t(z))\frac{\overline{Q_t'(z)}}{Q_t'(z)} = \mu(z).$$

在 h 有拟对称性并有预值估计的前提下, (2), (3) 和 (4) 的证明概况在文献 [17] 中给出[7, 11, 16]. 因此, 主要的问题被归结到去证实 h 的拟对称性并找到预值估计. Yoccoz 关于有限次可重整二次多项式拼图片成为了这一研究的主要工具[5, 7, 15].

首先, 利用 Yoccoz 拼图片, 在有限次可重整的情况下, h 拟对称以及预值估计得到了证明. 进而, 利用 Yoccoz 拼图片以及光滑动力系统中的 Markov 划分, 我们曾在文献 [8] 给出过在 Feigenbaum 的情况下 h 拟对称的一个证明. 在 Feigenbaum 的情况下, 预值估计的证明也可在文献 [7, 17] 中找到. 这些方法对有界无限次可重整情况也适用[7, 9, 16, 17], 所以在有界无限次可重整的情况下有拓扑刚性. 在无界无限次可重整的情况下, h 的拟对称以及预值估计是在文献 [4, 10] 中完成的, 因此在这种情况下有拓扑刚性. 因此熵函数 $\mathrm{ent}(t)$ 在 Λ 上是严格递增的.

4.5 尚未解决的问题

族 $\{q_t\}_{2\leqslant t\leqslant 4}$ 的另一个等价形式是族

$$f_{a,2}(x) = -x^2 + a, \quad 0 \leqslant a \leqslant 2.$$

更一般地, 可以考虑族

$$f_{a,2n}(x) = -x^{2n} + a, \quad 0 \leqslant a \leqslant 2^{\frac{1}{2n-1}},$$

这里 $n \geqslant 1$ 是一个正整数. 前面介绍的方法对这一族也适用. 原因是如果把实数 x 换成复数 $z = x + \mathrm{i}y$, $f_{a,2n}$ 可以自然地延拓为复平面上的一个解析函数族

$$F_{a,2n}(z) = -z^{2n} + a, \quad 0 \leqslant a \leqslant 2^{\frac{1}{2n-1}},$$

所以熵函数

$$\mathrm{ent}_{2n}(a) = \frac{\mathrm{Ent}(f_{a,2n})}{\log 2} : [0, 2^{\frac{1}{2n-1}}] \to [0,1]$$

是单调递增的满射并且在 Λ 上是严格单调递增的.

但是, 对于阶是奇数的 (特别地, 三次的) 实折叠映射族

$$f_{a,2n+1}(x) = -|x|^{2n+1} + a, \quad 0 \leqslant a \leqslant 2^{\frac{1}{2n}},$$

前面介绍的方法就不适用了. 原因是每个 $f_{a,2n+1}$ 都无法被延拓成复平面上的解析函数. 熵函数

$$\mathrm{ent}_{2n+1}(a) = \frac{\mathrm{Ent}(f_{a,2n+1})}{\log 2} : [0, 2^{\frac{1}{2n}}] \to [0,1]$$

仍是连续满射.

猜测 *熵函数 ent_{2n+1} 是弱单调递增的并且在 Λ 上是严格单调递增的.*

同样, 对于阶是分数的实折叠映射族

$$f_{a,\beta}(x) = -|x|^{\beta} + a, \quad 0 \leqslant a \leqslant 2^{\frac{1}{\beta-1}},$$

这里 $\beta > 1$ 是一个非整数的实数, 熵函数

$$\mathrm{ent}_{\beta}(a) = \frac{\mathrm{Ent}(f_{a,\beta})}{\log 2} : [0, 2^{\frac{1}{\beta-1}}] \to [0,1]$$

仍是连续满射. 同样有

猜测 *熵函数 ent_{β} 是弱单调递增的并且在 Λ 上是严格单调递增的.*

这两个猜测本质上是一样的, 到目前为止, 没有实质性的进展. 可能彻底地解决这个重要的猜测, 需要发展一套实分析的方法.

参 考 文 献

[1] Ahlfors L V. Lectures on Quasiconformal Mappings. Princeton, New Jersey: D. Van Nostrand-Reinhold Company, Inc., 1966.

[2] Bowen R. Equilibrium States and the Ergodic Theory of Anosov Diffeomorphisms. Lecture Notes in Mathematics, Vol. 470 (2nd ed., 2008). Springer.

[3] Douady A, Hubbard J H. On the dynamics of polynomial-like mappins. Ann. Sci. Ec. Norm. Sup., 1985, 18: 287-344.

[4] Graczyk J, Światek G. Generic hyperbolicity in the logistic family. Ann. of Math., 1997, 146: 1-52.

[5] Hubbard J H. Local connectivity of Julia sets and bifurcation loci: three theorems of J. -C. Yoccoz, Topological Methods in Modern Mathematics, A Symposium in Honor of John Milnor's Sixtieth Birthday, 1993.

[6] Jiang Y. A framework towards understanding the characterization of holomorphic maps. Frontiers in Complex Dynamics: In Celebration of John Milnor' s 80th Birthday (Ed. Araceli Bonifant, Misha Lyubich, and Scott Sutherland), March 2014. Princeton University Press, 235-251.

[7] Jiang Y. Renormalization and Geometry in One-Dimensional and Complex Dynamics. Advanced Series in Nonlinear Dynamics 10, World Sci. Publ., 1996.

[8] Jiang Y. Markov partitions and Feigenbaum-like mappings. Comm. in Math. Phys., 1995, 171(2): 351-363.

[9] Jiang Y. On quasisymmetrical classification of infinitely renormalizable maps-I. Maps with Feigenbaum topology, and II. Remarks on maps with a bounded type topology. IMS preprint series 1991/1992. SUNY at Stony Brook, 1991.

[10] Lyubich M. Dynamics of quadratic polynomials, I – II. Acta Mathematica, 1997, 178(2): 185-297.

[11] McMullen C. Renormalization and 3-Manifolds which Fiber over the Circle. Annals of Math Studies, Vol. 142. Princeton University Press, 1996.

[12] Milnor J, Thurston W. On iterated maps of the interval. Dynamical systems. Lecture Notes in Math., 1342: 465-563. Berlin: Springer, 1988.

[13] Shannon C E. A mathematical theory of communication. Bell System Tech. J., 1948, 27: 379-423 & 623-656.

[14] Sinai Ya. The notion of entropy of a dynamical system. Dokl. Akad. Nauk. S.S.S.R., 1959, 125: 768-771.

[15] Milnor J. Local Connectivity of Julia Sets: Expository Lectures. IMS preprint 1992/11, Stony Brook.

[16] de Melo W, van Strien S. One-Dimensional Dynamics. Berlin, Delberg: Springer-Verlag, 1993.

[17] Sullivan D. Bounds, quadratic differentials, and renormalization conjectures. American Mathematical Society Centennial Publications, 1991, 2: 417-466.

[18] Thurston W. On the combinatorics and dynamics of iterated rational maps. Preprint.

5 卡–丘空间的几何*

傅吉祥

主持人：我们很高兴请到复旦大学的傅吉祥教授来为我们作 2013 年下半年的第一场数学所讲座报告. 傅吉祥教授是我国非常杰出的年轻一代的微分几何专家, 因为他出色的工作, 2010 年在国际数学家大会上应邀作 45 分钟报告, 同年他获得晨兴数学银奖. 他的研究领域是卡–丘空间. 大家知道, 由于卡拉比猜想被丘成桐先生证明, 从此以后, 数学就多了一个非常美丽的研究对象叫卡拉比–丘空间. 这类空间不仅在微分几何与代数几何里面非常重要, 在数学物理中也十分重要. 在我们的现实生活空间的每一点上很可能就有一个及其微小的、蜷缩的卡–丘空间. 傅吉祥教授今天要告诉我们卡–丘空间的几何, 我们掌声欢迎他.

报告人：谢谢主持人的邀请, 也谢谢各位老师, 特别是王 (元) 先生与陆 (启铿) 先生, 还有各位同学的捧场. 我来中科院作报告, 感到诚惶诚恐. 我问过主持人, 我该讲得通俗些呢还是讲得纯理论些, 因为要讲两个小时, 我心里一点底都没有. 他说不要有太多的心理负担, 相信你是肯定能讲得好的, 还把以前的几个经典报告发邮件给我让我学习. 虽然当时深受邀请人的鼓舞, 但在准备演讲稿时我还是老在两边偏来偏去, 最后很可能搞出一个“四不象”来, 希望大家谅解.

今天我要讲的是卡–丘空间的几何. 卡–丘 (Calabi-Yau) 流形现在已经发展为一门学问了. 在微分几何、代数几何与数学物理等分支有很多人在研究它. 丘成桐先生为 Scholarpedia 写的综述报告*Calabi-Yau manifold*, 几乎包括了这个方向现在已知的所有内容. 如果大家有兴趣, 可以参考这篇文献. 通俗一点的可以参考丘先生与 Steve Nadis 合写的书*The Shape of Inner Space*, 现有中译本《大宇之形》. 如果直接按英文翻译, 应该译成《内禀空间的形状》, 我这样说的目的是为了强调**内禀空间**这个研究对象, 因为它是我们接下来的报告中的主角之一. 这本书比较通俗, 并且大篇幅地讲了丘先生研究 Calabi 猜想的心路历程. 今天我的报告主要集中在 Calabi-Yau 流形与卡–丘空间的度量几何, 分以下六个方面来讲: 黎曼几何、Calabi-Yau 流形、卡–丘空间、超弦理论、平衡度量, 及其主要结果与意义.

* 谨以此文纪念谷超豪先生与他的论文《关于经典杨–米尔斯场》!

5.1 黎曼几何

首先我简要地谈一下黎曼几何, 目的是为了说明 Ricci 曲率与爱因斯坦度量这两个概念的重要性.

从小学开始我们就开始接触几何了, 按当时的认知水平, 我们学习一维欧氏空间, 即直线, 与一些特殊的平面图形, 如三角形、平行四边形、圆等. 到了初中我们学习二维欧氏空间, 即平面几何. 到了高中学习三维欧氏空间, 即立体几何. 大学一年级时我们学习的是 n 维欧氏空间.

Euclid (约公元前 325 年 — 前 265 年)

到了大二或大三的时候, 我们学习古典微分几何, 也就是曲线论与曲面论. 它是专门研究三维欧氏空间中曲线与曲面的几何. 1827 年, 高斯出版了著作《关于曲面的一般研究》, 建立了曲面的内蕴几何学, 这在微分几何的历史上有重大的意义. 其主要思想是强调曲面上的几何量, 例如曲面上曲线的长度、两条曲线的夹角、曲面上的区域的面积、测地线、测地曲率，甚至总曲率 (现称**Gauss 曲率**, 表示曲面的弯曲程度) 等只依赖于第一基本形式, 即由三维欧氏度量诱导在曲面上的度量. 高斯理论奠定了近代抽象曲面论的基础.

Carl Friedrich Gauss (1777—1855)

三维欧氏空间中可定向的紧曲面有球面 S^2、环面 T^2、与 $k(\geqslant 2)$ 个环面的连通和 $\#_k T^2$. 两个环面的连通和 $T^2\#T^2$ 指在两个环面中各割去一块微分同胚于圆盘的区域, 再把这两个曲面在割线附近处粘起来, 得到一个紧连通曲面. 按这个过程我们可把环面一个接一个地作连通和, 得到 k 个环面的连通和 $\#_k T^2$, 这样就得到紧定向曲面的分类. 由于 T^2 微分同胚于 $S^1\times S^1$, 所以 k 个环面的连通和也记作 $\#_k(S^1\times S^1)$. 这样记的目的是为了给这篇演讲的主角 $\#_k(S^3\times S^3)$ 有一个简单直观的类比.

到了大四或研究生阶段我们开始研究黎曼几何. 黎曼几何起源于德国数学家黎曼在 1854 年的著名就职演说《论作为几何学基础的假设》. 在高斯的曲面论的基础上, 黎曼大胆地抛弃了外围空间, 认识到只要在流形上定义了一个度量 (现称

黎曼度量), 就有了流形上曲线的长度、两条曲线的夹角、测地线、区域的体积、曲率等局部几何量. 从这些局部量出发通过积分等手段就可得到一些整体的几何量.

黎曼几何经 E. B. Christoffel, L. Bianchi 及 C. G. Ricci 等的进一步完善, 成为爱因斯坦于 1915 年创立广义相对论的有力数学工具. 此后黎曼几何得到了蓬勃的发展, 特别是 E. Cartan 建立的外微分运算和活动标架法, 沟通了 Lie 群与黎曼几何的联系.

Bernhard Riemann (1826—1866)

Élie Cartan (1869—1951)

任意微分流形上都有黎曼度量. 从给定的黎曼度量出发, 可得到唯一的与此度量相容且无挠 (no torsion) 的联络 ——**Levi-Civita 联络**, 有些书本也称为**黎曼联络**. 有了这个联络, 就有了相应的截面曲率. 对截面曲率求迹得到 Ricci 曲率, 再对 Ricci 曲率求迹就得到数量曲率. 黎曼几何基本上是围绕着这三个曲率量进行研究的.

我们首先看常曲率度量, 即截面曲率是常数的黎曼度量. 欧氏空间 $\mathbb{R}^n$、球面 S^n 与双曲空间 H^n 分别具有常曲率为零、正与负的黎曼度量. 这三个流形称为**空间形式**. 以下两个结论说明对常曲率度量的研究已经基本完备了. 首先, 黎曼于 1854 年就证明了若流形的一个黎曼度量是常曲率度量, 则此流形的每点有一个邻域与空间形式的一个开子集等距. 其次, Hopf 于 1926 年证明了完备单连通的常曲率流形只能是空间形式.

接下去我们来看常数量曲率度量, 即数量曲率是常数的黎曼度量. 关于常数量曲率度量有一个著名的 Yamabe 问题: 在紧流形上每个黎曼度量的共形类中是否存在一个常数量曲率的度量? Yamabe 问题归结为解一个偏微分方程, 最终由

R. Schoen 解决. 由 Yamabe 猜想引出的 Yamabe 不变量, 是共形几何里一个很重要的不变量, 现在已经发展成为一个重要的研究方向了.

我们回头来看, 黎曼度量的截面曲率是常数这个条件太刚性, 在相差常数倍下就那么三个空间形式的标准度量; 而黎曼度量的数量曲率是常数这个条件又太宽松, 每一个紧流形上的黎曼度量的共形类中都有常数量曲率度量, 所以截面曲率与数量曲率作为几何的研究对象都不太满意. 剩下的几何量是 Ricci 曲率, 它介于截面曲率与数量曲率之间. 爱因斯坦度量就是由 Ricci 曲率来定义的. 一个度量称为**爱因斯坦度量**, 若它的 Ricci 曲率张量 R_{ij} 与它自身张量 g_{ij} 成比例: $R_{ij} = kg_{ij}$, 这里 k 是一个常数. 当 $k = 0$ 时, 爱因斯坦度量称为 Ricci 平坦的度量. 所以 Ricci 平坦的度量是一种特殊的爱因斯坦度量. 我们知道并不是每个流形都具有爱因斯坦度量. 所以哪些流形具有爱因斯坦度量是黎曼几何的一个重要问题. 相应地, Ricci 曲率成为研究黎曼几何的最重要的几何量. Hamilton 认识到这一点, 利用 Ricci 曲率张量引入了 Ricci 流:

$$\frac{\partial}{\partial t} g_{ij} = -2R_{ij}.$$

经过他长达二十年的努力, Ricci 流的研究取得了突破性的进展. Perelman 最终在 Hamilton 工作的基础上利用 Gromov 学派的几何解决了 Poincaré 猜想. Poincaré 猜想的解决是黎曼几何发展的光辉顶端.

Henri Poincaré (1854—1912)

5.2 Calabi-Yau 流形

刚才我们讲了最重要的几何量是 Ricci 曲率. 接下去我们要讲 Calabi-Yau 流形. 在这个地方不讲中文**卡–丘**, 而讲英文**Calabi-Yau**, 是为了与下节的卡–丘空间有所区别. 我们首先从复流形谈起.

定义 1　一个偶数维的微分流形称为**复流形**, 若它有开覆盖 $\{U_i\}$ 且对每个 i, 存在局部微分同胚 $\phi_i : U_i \to \phi_i(U_i) \subset \mathbb{C}^n$, 使得

$$\phi_j \circ \phi_i^{-1} : \phi_i(U_i \cap U_j) \to \phi_j(U_i \cap U_j)$$

是全纯映射. n 是复流形的复维数. 这样就可通过 $\mathbb{C}^n$ 上的全纯函数定义复流形与它的开子集上的全纯函数.

以下我们举几个复流形的经典例子, 在接下来的报告中会经常提到它们.

例 1　**复欧氏空间**. 这是非紧复流形.

例 2　**黎曼面**. 每个定向曲面可给一个复结构使之成为一维复流形, 也称为黎曼面. 这样, 前面讲过的球面、环面、两个环面的连通和等都是黎曼面.

例 3　**复射影空间** $\mathbb{P}^n$. 把 $\mathbb{C}^{n+1}$ 中通过原点的直线看作一个点, 在所有这些点的集合上可赋予微分结构与复结构使之成为一个 n 维复流形.

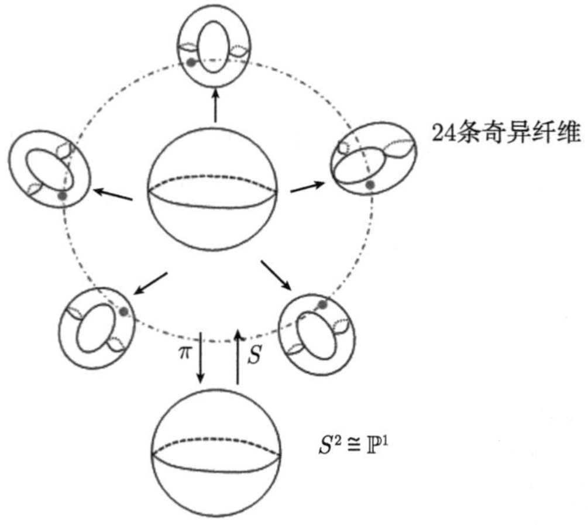

例 4　**代数流形**. 它是复射影空间 $\mathbb{P}^n$ 的一个复子流形, 是由 $\mathbb{C}^{n+1}$ 上的一组齐次多项式的零点集来定义的, 然而, 根据周炜良定理, 复射影空间中的所有复子流形都是代数流形. 黎曼面是一维代数流形.

例 5　***K*3 曲面**. 大部分 $K3$ 曲面不是代数流形. 在复几何中最简单、在弦理论中最重要的一类 $K3$ 曲面是椭圆 $K3$ 曲面. 它是 S^2 (即 $\mathbb{P}^1$) 上的环面丛, 但有 24 条奇异纤维, 它们是 pinched 环面. 这个环面纤维化有一个全纯截面 s. 见示意图.

例 6　**Calabi 构造**. 这是满足一定条件的黎曼面 C 上的复环面丛:

$$\pi : X_\Lambda = T^4 \times C \to C.$$

作为微分流形它是乘积流形, 但其上的复结构不是乘积复结构. Calabi 在 1958 年构造了这类复流形, 他从

$$\mathbb{R}^3 \times \mathbb{R}^4 = \mathbb{R}^7 = \mathrm{Im}(\mathbb{Q} \cong \mathbb{R}^8), \qquad \text{其中 } \mathbb{Q} \text{ 是 Cayley 数}$$

观察到 $\mathbb{R}^3$ 中的向量 N 与 $\mathbb{R}^4$ 中的向量 T 作叉积, 得到的向量 $N \times T$ 总在 $\mathbb{R}^4$ 中. 他还观察到如果 N 是单位向量, 则

$$N\times(N\times T)=-T.$$

这就是说, $\mathbb{R}^3$ 中的一个单位向量定义了 $\mathbb{R}^4$ 上的一个近复结构, 也就定义了实四维环面 $T^4=\mathbb{R}^4/\Lambda$ 上的一个近复结构, 此处 Λ 是 $\mathbb{R}^4$ 的一个格. 这样, 给定 $\mathbb{R}^3$ 中的一张定向曲面 C, 就可给定它上的一个单位法向量场 $\vec{n}$. 于是对于乘积向量丛 $\pi:T^4\times C\to C$, C 上每点 p 的单位法向量 $\vec{n}(p)$ 定义了它的纤维 T^4 上的一个近复结构. 这样, 连同 C 的复结构, $X_\Lambda=T^4\times C$ 成为近复流形. Calabi 证明了只要给定的黎曼面满足一定的条件, 则 X_Λ 是复流形.

例 7　Twistor 空间. Twistor 空间是四维流形上的二维球面丛. 它首先是由 R. Penrose 于 1967 年发现的. Atiyah, Hitchin 与 Singer 于 1978 年对 Penrose 的想法给出了一个自我完整 (self-contained) 的解释, 证明了自对偶定向黎曼四维流形的 twistor 空间是复三维流形.

例 8　Calabi-Eckmann 构造. 1953 年, Calabi-Eckmann 利用 Hopf 纤维化 $S^{2p+1}\to\mathbb{P}^p$ 与 $S^{2q+1}\to\mathbb{P}^q$ 在 $S^{2p+1}\times S^{2q+1}$ 上给了复结构使之成为复流形. 后来有人认识到 $\pi:S^{2p+1}\times S^{2q+1}\to\mathbb{P}^p\times\mathbb{P}^q$ 其实是环面丛, 在 20 世纪 80 年代把这个构造推广到在紧复流形上构造环面丛. 特别可在 $K3$ 曲面上构造环面丛. 这只要取 $K3$ 曲面的两个整的 2-形式 η_1 与 η_2 使得

$$\eta_1+\mathrm{i}\eta_2\ \text{没有}\ (0,2)\text{-分量}. \tag{1}$$

用它们分别构造 $K3$ 曲面上的两个复线丛, 再在复线丛上给定 Hermite 度量, 然后取单位长的向量组成 $K3$ 曲面上的两个 S^1 丛, 作 Whitney 和就得到 $K3$ 曲面上的环面丛. 在它的全空间上可给定一个自然的复结构使之成为复流形. 确切地说, 由于 $K3$ 曲面上的两个 S^1 丛可看作主丛, 分别有联络 1-形式 θ_1 与 θ_2, 它们是整体定义的, 且满足 $\mathrm{d}\theta_1=\pi^*\eta_1$ 与 $\mathrm{d}\theta_2=\pi^*\eta_2$. 这样, $\theta=\theta_1+\mathrm{i}\theta_2$ 与 $K3$ 曲面上的一组 $(1,0)$-形式的局部基的拉回构成了环面丛上的一组 $(1,0)$-形式的局部基, 即它们定义了环面丛的一个近复结构. 条件 (1) 保证了这个近复结构是可积的, 即环面丛是复流形.

我们还需要引进一些概念. 复流形上的一个形式 ψ 称为(p,q)-**形式**, 如果对局部坐标图 (U_i,ϕ_i) 的局部坐标 $(z_1,\cdots,z_n)$, 它有表示

$$\psi=\psi_{i_1\cdots i_p\bar{j}_1\cdots\bar{j}_q}\mathrm{d}z_{i_1}\wedge\cdots\wedge\mathrm{d}z_{i_p}\wedge\mathrm{d}\bar{z}_{j_1}\wedge\cdots\wedge\mathrm{d}\bar{z}_{j_q}.$$

一个 p-形式 ψ 称为全纯的, 若它是 $(p,0)$-形式并且它在局部坐标表示下的分量函数是全纯函数.

对于一个 n 维复流形 X, 可问其上是否存在一个处处非零的全纯 n-形式 Ω. 若存在, 我们就称此复流形的典则线丛 $\Lambda^nT^{*(1,0)}(X)$ 是平凡的 (holomorphically trivial). $K3$ 曲面的典则线丛是平凡的, 这是 $K3$ 曲面的定义本身所要求的. 在这里, 我们主要想说明 $K3$ 曲面上的环面丛的典则线丛也是平凡的. 它是复三维流形, 我们该如何得到一个处处非零的全纯 3-形式呢? 因为 $K3$ 曲面的典则线丛是平凡的, 它上面有一个处处非零的全纯 2-形式 Ω_{K3}, 通过投影映射 π 的拉回, 就得到一个环面丛上的全纯 2-形式 $\pi^*\Omega_{K3}$. 再与 $(1,0)$-形式 θ 作外积, 就得到一个 $K3$ 曲面上的环面丛的 $(3,0)$-形式. 注意 θ 虽然不是全纯的, 但这个整体定义的 3-形式是全纯的, 这还是由条件 (1) 所保证的:

$$d(\pi^*\Omega_{K3}\wedge\theta)=\pi^*\big(\Omega_{K3}\wedge(\eta_1+\mathrm{i}\eta_2)\big)=0.$$

接着我们介绍 Hermite 度量. 我们当然可以给复流形以黎曼度量, 但在复流形的研究中一般只对与复结构相匹配的黎曼度量的研究才是有意义的. 把这种黎曼度量称为 **Hermite 度量**, 研究 Hermite 度量的几何称为 **Hermite 几何**.

对于给定的 Hermite 度量, 一般用下面的三个联络.

(1) **Levi-Civita 联络**. 就是前面讲过的与度量相容且无挠的联络. 但这个度量联络在一般情况下与复结构不相容, 所以, 如果用这个联络来研究复几何, 基本上还是在做黎曼几何.

(2) **陈联络**. 有些书也称为 **Hermite 联络**. 这个联络与度量和复结构相容, 但有挠率. 挠率是一个 $(1,2)$-型张量场. 陈联络要求这个张量场的 2-形式部分的分解中没有 $(1,1)$-形式的分量. 当然, 由于挠率是实的, 它的 $(2,0)$-形式与 $(0,2)$-形式的分量相互共轭.

(3) **Bismut 联络**. 有些数学物理学家也称为 **spin 联络**. Bismut 于 1989 年用这个联络来研究具有 $\partial\bar\partial$-闭的 Hermite 度量 (即以下定义的相伴于度量的 Hermite 形式是 $\partial\bar\partial$- 闭的) 复流形的局部指标定理. 这个联络与度量和复结构相容, 但也有挠率. 通过度量张量, 我们可以把挠率变成一个 $(0,3)$-型张量场. Bismut 联络要求这个 $(0,3)$-型张量场是全部斜对称的, 即当它作用在三个向量场上时, 互换两个向量场的位置相差一个符号.

Hermite 几何一般用这三个联络来研究复几何. 用得最多的是第二个联络, 其次是第三个联络, 最少的是第一个联络. 这三个联络在一般情况下是不一样的, 这就是一般的 Hermite 几何研究的复杂性所在.

复结构 J 与 Hermite 度量 g 决定了唯一的严格正定的 $(1,1)$-形式 ω: 对于流形上任意两个向量场 V 与 W,

$$\omega(V,W)=g(JV,W).$$

我们把 ω 称为 Hermite 形式, 有时为了方便也直接称 ω 为 Hermite 度量. 由此引出复几何中最重要、研究最深入的一个分支 ——Kähler 几何.

定义 2 复流形上一个 Hermite 度量称为 **Kähler 度量**, 若它对应的 Hermite 形式 ω 是闭形式:

$$\mathrm{d}\omega = 0$$

有时为了方便直接称 ω 为 Kähler 度量, 具有 Kähler 度量的复流形称为 **Kähler 流形**.

Erich Kähler (1906—2000)

在上面提到的复流形的例子中, 以下一些是 Kähler 流形:

(1) 复欧氏空间. 复欧氏度量是 Kähler 度量.

(2) 黎曼面. 它上面用来定义复结构的共形类都是 Kähler 度量.

(3) 复射影空间. Fubini-Study 度量是它上面标准的 Kähler 度量.

(4) 代数流形. 把 Fubini-Study 度量限制在代数流形上就得到一个 Kähler 度量.

(5) $K3$ 曲面. 萧荫堂先生在 1982 年证明了 $K3$ 曲面具有 Kähler 度量.

而以下的一些例子不具有 Kähler 度量:

(6) Calabi 构造. 这在 Calabi 于 1958 年的论文中有证明.

(7) Twistor 空间. 除了 S^4 与 $\mathbb{P}^2$ 上的 twistor 空间外, 另外所有的自对偶可定向的黎曼四维流形的 twistor 空间不具备 Kähler 度量, 这是英国著名数学家 Hitchin 于 1981 年得到的一个结果.

(8) 复流形上环面丛 (的全空间). 特别是 Calabi-Eckmann 构造与 $K3$ 曲面上的环面丛, 它们都不是 Kähler 流形.

对于 Kähler 度量, 上述提到的三个联络, 即 Levi-Civita 联络、陈联络与 Bismut 联络是一样的. 这样用陈联络定义的 Ricci 曲率与用 Levi-Civita 联络定义的 Ricci 曲率是相同的. 所以对于 Kähler 度量 $\omega = \frac{\mathrm{i}}{2} g_{i\bar{j}} \mathrm{d}z_i \wedge \mathrm{d}\bar{z}_j$, 它的 Ricci 曲率分

量可用公式

$$R_{k\bar{l}} = -\frac{\partial^2}{\partial z_k \partial \bar{z}_l} \log\det(g_{i\bar{j}})$$

来计算, 且 ω 是爱因斯坦度量当且仅当 $R_{i\bar{j}} = kg_{i\bar{j}}$. 此时 ω 称为 **Kähler-爱因斯坦度量**.

研究复几何还需要一个强有力的工具——**陈示性类**. 陈省身先生当年用陈联络来定义示性类, 它的应用已经遍及几乎所有的数学理论. 我们在此处不想展开陈示性类的定义, 但我们需要知道, 一个复流形 M 的第一陈类是用它上面的一个 Hermite 度量 $\omega = \frac{\mathrm{i}}{2} g_{i\bar{j}} \mathrm{d}z_i \wedge \mathrm{d}\bar{z}_j$ 相对于陈联络的 Ricci 曲率形式的上同调类来定义的：$c_1(M) = [\phi_1(\omega)]$,

$$\phi_1(\omega) = -\frac{\mathrm{i}}{2\pi} \partial\bar{\partial} \log\det(g_{i\bar{j}}).$$

我们还要记住下面几句话. 若一个复流形的典则线丛平凡, 则它的第一陈类为零. 所以 $K3$ 曲面与 $K3$ 曲面上的环面丛的第一陈类为零. 但反之不对, 如 Enriques 曲面与 Calabi 构造 X_Λ 的第一陈类为零, 但典则线丛不平凡. 这两个例子分别对应着 Kähler 与非 Kähler 的例子. 后者的证明在 Calabi 1958 年的论文里, 很有意思.

陈示性类在复几何的研究中所起的作用无疑是最重要的. 在 2005 年 5 月哈佛大学数学系举办的纪念陈先生的大会上, 丘成桐先生总结了陈先生一生的数学贡献. 在报告的最后, 丘先生写到："Chern always regret that ancient Chinese mathematicians never discovered complex numbers. Chern's everlasting works in complex geometry make up the loss of Chinese mathematics for the last two thousand years."

陈省身 (1911—2004)

有了上面的这些准备之后，我们可以讲 Calabi-Yau 流形了.

定义 3 **Calabi-Yau 流形**是第一陈类为零的紧 Kähler 流形.

1957 年, 卡拉比猜测在这种流形上每个 Kähler 度量的 Kähler 类中存在唯一的 Ricci 平坦的 Kähler 度量. 设 ω 是一个 Kähler 度量, 根据 $\partial\bar{\partial}$-引理, ω 的 Kähler 类可表示为

$$[\omega] = \left\{ \omega + \frac{\mathrm{i}}{2}\partial\bar{\partial}u > 0 \mid u \in C^\infty \right\}.$$

这样, 要证 Calabi 猜想等价于要解一个复 Monge-Amperè 方程

$$\frac{\det(g_{i\bar{j}} + u_{i\bar{j}})}{\det(g_{i\bar{j}})} = \mathrm{e}^f,$$

此处 f 是流形上的光滑函数使得上述关于 u 的方程满足可积性条件. Calabi 在提出猜想时已经解决了唯一性问题. 1976 年丘成桐证明了这个猜想. 现在把 Ricci 平坦的 Kähler 度量称之为 **Calabi-Yau 度量**. 我们又回到了 Ricci 平坦的概念上. 在 5.1 节, 我们说黎曼几何中最重要的曲率量是 Ricci 曲率. Calabi-Yau 度量是 Ricci 曲率为零的爱因斯坦度量.

Eugenio Calabi

Shing-Tung Yau

我们举两类 Calabi-Yau 流形的例子. 第一类例子是 $K3$ 曲面. 我们在前面讲过 $K3$ 曲面是 Kähler 流形并且它的典则线丛平凡, 所以它是 Calabi-Yau 流形. 萧先生用丘先生的定理证明了 $K3$ 曲面是 Kähler 的, 然后我们知道 $K3$ 曲面是 Calabi-Yau 流形. 所以历史有时往往是反过来的. 下图是 $K3$ 曲面的三维表示.

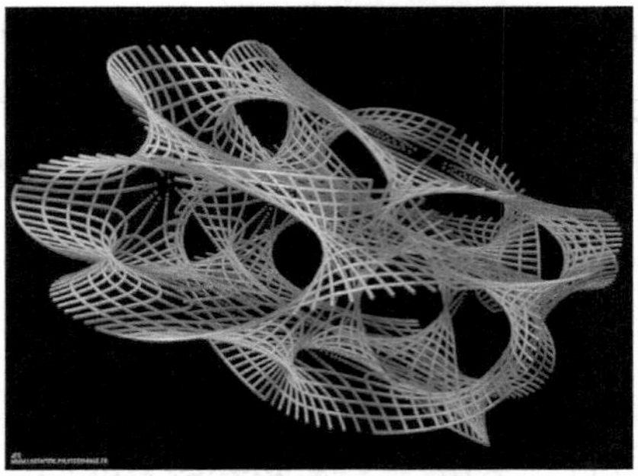

第二类例子是第一陈类为零的代数流形. 我们讲过代数流形是 Kähler 流形. 因为代数流形是用 $\mathbb{P}^n$ 上的齐次多项式的零点集来定义的, 所以代数流形的第一陈类相对来说还是比较容易计算的. 这样通过第一陈类的计算, 就可得到大量的 Calabi-Yau 流形. 相应地, 也就发现了大量的爱因斯坦流形. 在丘先生证明 Calabi 猜想之前, 人们对紧的爱因斯坦流形的例子知之甚少. 我们在这里讲一个最经典的 Calabi-Yau 流形的例子. $\mathbb{P}^4$ 中一类超曲面, 即三维代数流形 X_t, 是由以下的五次齐次多项式方程来定义:

$$\sum_{i=0}^{4} z_i^5 + t\prod_{i=0}^{5} z_i = 0,$$

其中 $(z_0, \cdots, z_4)$ 是 $\mathbb{P}^4$ 的齐次坐标, t 是任意给定的复数. 这是一个最重要也是最简单的例子. 二维的最重要的例子是椭圆 $K3$ 曲面, 三维的就是这个例子. 当 $\mathbb{P}^4$ 上的 Fubini-Study 度量 ω_{FS} 限制在代数流形 X_t 上时得到 X_t 上的一个 Kähler 度量 $\omega_{\mathrm{FS}}|_{X_t}$, 根据丘先生的定理, 在此 Kähler 度量的 Kähler 类中存在唯一的 Calabi-Yau 度量 ω_t. 一个重要的问题是：当 t 趋向于无穷时, ω_t 的极限是什么? 这是 1990 年人们在研究镜对称时碰到的问题, 到现在没有任何进展. 以下是五次三维 Calabi-Yau 流形的一个截面 (3D 投影).

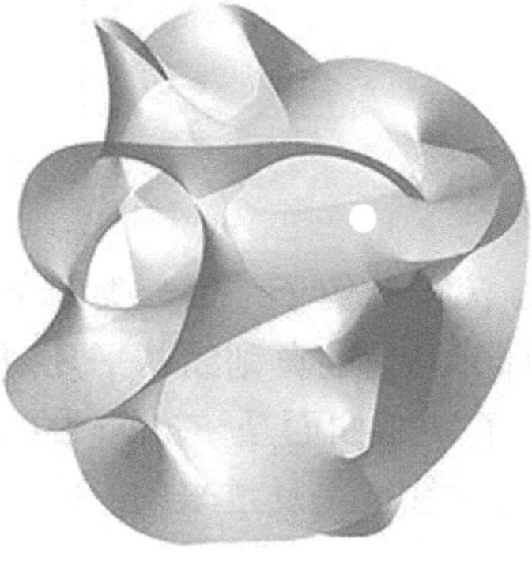

5.3 卡–丘空间

由于超弦的缘故, 我们主要对三维 Calabi-Yau 流形感兴趣. 从上一节末尾我们知道有大量的这种流形. 从拓扑的观点看两个这种流形可能是没有关系的. 代数学家认为加入一些非-Kähler 三维复流形就可使所有的这种 Calabi-Yau 流形之间建立联系 (Reid 猜想).

定义 4 *典则线丛平凡的三维紧复流形称为***卡–丘空间**.

所以按定义, 卡–丘空间可以是 Kähler 的, 也可以是非 Kähler 的. Kähler 卡–丘空间比前面定义的三维 Calabi-Yau 流形的定义稍强. 因为前面我们讲过, 三维 Calabi-Yau 流形只要求它的第一陈类等于零就行了, 而卡–丘空间则要求它的典则线丛是平凡的[①]. 当 Kähler 流形为单连通时, 两者的定义是等价的. 单连通的 Kähler 卡–丘空间的 Hodge 数如下:

$$
\begin{array}{ccccccc}
 & & & 1 & & & \\
 & & 0 & & 0 & & \\
 & 0 & & h^{1,1} & & 0 & \\
1 & & h^{1,2} & & h^{1,2} & & 1 \\
 & 0 & & h^{1,1} & & 0 & \\
 & & 0 & & 0 & & \\
 & & & 1 & & &
\end{array}
$$

上图中, 因为流形是单连通的并且是 Kähler 的, 所以 $h^{1,0}=0$. 而由于典则线丛是平凡的, 即具有一个处处非零的全纯 3-形式, 由于紧性, 这种形式在相差一个常数倍下是唯一的, 所以 $h^{3,0}=1$. 由此可导出 $h^{2,0}=0$. 最后由 Hodge 对偶与 Serre 对偶, 就得到上图.

按定义, 在 Kähler 卡–丘空间上存在一个 Kähler 度量 ω 与一个处处非零的全纯 3-形式 Ω. 丘先生对 Calabi 猜想的证明证实了如下的

定理 1 *在 Kähler 类 $[\omega]$ 中存在唯一的 Kähler 度量 $\omega_u=\omega+\mathrm{i}\partial\bar{\partial}u$ 满足:*

(1) ω_u *是 Ricci-平坦的;*

(2) $\|\Omega\|_{\omega_u}=\text{const.}$;

(3) ω_u *的和乐群包含在 SU(3) 中;*

(4) ω_u *(作为全纯切丛的 Hermite 度量) 相对于它自己 (作为流形上的 Hermite*

---

① 另一个把这种流形翻译成卡–丘空间的原因是它在数学物理中占有重要的地位, 而空间一词对于我来说有一种神圣感.

度量) 是 Hermite-杨–米尔斯度量:

$$F_{\omega_u}^{2,0}=F_{\omega_u}^{0,2}=0,\quad F_{\omega_u}^{1,1}\wedge\omega_u^2=0.$$

这四条是等价的, 是 Calabi-Yau 度量 ω_u 所具有的性质.

我们现在来看非-Kähler 卡–丘空间. $K3$ 曲面上的环面丛是非-Kähler 卡–丘空间, 但它不是单连通的. 在 20 世纪八九十年代代数几何学家告诉我们: 从单连通的 Kähler 卡–丘空间出发, 经锥形变换可得到大量的单连通的非-Kähler 卡–丘空间.

设 Y 是 Kähler 卡–丘空间, 包含一些互不相交的 $(-1,-1)$-型有理曲线 $E_1,\cdots,E_l$. 也就是说这些曲线同构于 $\mathbb{P}^1$, 且它们作为 Y 的复子流形的全纯法丛同构于 $\mathbb{P}^1$ 上的 $\mathcal{O}(-1)\oplus\mathcal{O}(-1)$ 丛. 可将这些有理曲线 E_i 收缩成点 p_i, 得到一个奇异的卡–丘空间 X_0. Cremens 观察到 $Y\setminus\bigcup_{i=1}^{l}E_i$ 全纯同构于 $X_0\setminus\{p_1,\cdots,p_l\}$. 接着 Friedman 考虑能不能把这个奇异流形 X_0 作形变得到一族光滑的紧复流形. 换句话说, 是否存在一个光滑的复四维流形 $\mathcal{X}$ 与全纯映射 $\pi:\mathcal{X}\to\Delta(\varepsilon)$, ($\Delta(\varepsilon)\subset\mathbb{C}^1$ 是充分小的圆盘, 使得 $\pi^{-1}(0)=X_0$ 并且对任意的 $t\neq 0\in\Delta(\varepsilon)$, $X_t=\pi^{-1}(t)$ 是光滑的紧复流形. 他在 1986 年发现 X_0 存在无穷小光滑化当且仅当这些收缩掉的有理曲线 E_i 作为 $H^2(Y,\Omega_Y^2)$ 的基本类 $[E_i]$ 满足关系式

$$\sum_i n_i[E_i]=0,\quad n_i\neq 0.\tag{2}$$

Kawamata 与田刚于 1992 年分别用代数几何与微分几何的方法证明了在上述条件 (2) 下, X_0 能真正光滑化成一族新的复流形 X_t. 上述从 Y 经 X_0 到 X_t 的过程称为**锥形变换**:

$$Y\dashrightarrow X_0\dashrightarrow X_t.$$

Friedman 于 1993 年证明了 X_t 具有下列基本性质:

(1) X_t 的基本群等于 Y 的基本群, 所以如果 Y 单连通, 则 X_t 也单连通.

(2) X_t 的典则线丛是平凡的.

(3) X_t 满足 $\partial\bar\partial$-引理 (我们知道紧 Kähler 流形满足 $\partial\bar\partial$-引理, 但一般的紧复流形不满足这个性质).

所以根据上述性质 (2), X_t 是卡–丘空间. Friedman 在 1993 年的论文中指出可用这种方法给 $k(\geqslant 2)$ 个 $S^3\times S^3$ 的连通和 $\#_k(S^3\times S^3)$ 以复结构使之成为复流形. 他自己证明了 $k\geqslant 103$ 的情形. 后来吕鹏与田刚找到了相应的 Kähler 卡–丘空间证明了 $2\leqslant k\leqslant 102$ 的情形. 这些复流形是非-Kähler 卡–丘空间, 因为它们的

Hodge 数 $h^{1,1} = 0$. 其实这些流形的 Hodge 数如下：

$$\begin{array}{ccccccc} & & & 1 & & & \\ & & 0 & & 0 & & \\ & 0 & & 0 & & 0 & \\ 1 & & h^{1,2} & & h^{1,2} & & 1 \\ & 0 & & 0 & & 0 & \\ & & 0 & & 0 & & \\ & & & 1 & & & \end{array}$$

我们知道在给定的 Y 中, $h^{1,1} \neq 0$, 但如果相应的 Hodge 类生成的空间由有理曲线 E_i 的基本类 $[E_i]$ 生成, 则当我们把所有的这些有理曲线刺破时, $h^{1,1}$ 自然就等于零了.

为了更好地理解锥形变换，我们来看一下它的局部模型：

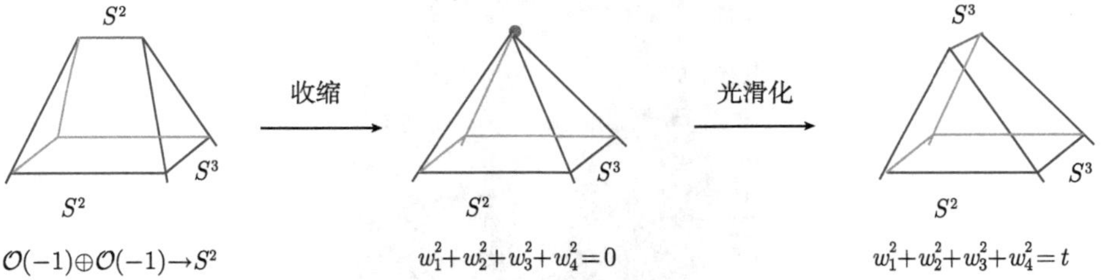

在这个局部模型中, 我们首先把向量丛的底空间 S^2 刺破，变成一个点. 这样向量丛变成了 $\mathbb{C}^4$ 中由二次齐次多项式方程 $w_1^2 + w_2^2 + w_3^2 + w_4^2 = 0$ 定义的锥. 此时, 所谓的形变无非把上述方程右边的 0 换成 t, 得到一个依赖于 t 的 $\mathbb{C}^4$ 的光滑复超曲面. 我们也许从锥形变换的逆变换会看得更清楚：当 $t \to 0$ 时, 三维球面 S^3 越来越小逐步收缩成一点. 这个点挖去之后可用一个二维球面来修复它. 这里出现了奇怪的现象：塌缩的球面是三维的, 而用来修复的球面是二维的. 我们说经过这样一个变换之后, 流形的拓扑发生了变化.

我们总结一下：锥形变换发轫于 20 世纪 80 年代，到 90 年代差不多十年时间已经发展成熟了. 给定一个 Kähler 卡–丘空间经锥形变换可以得到一族非-Kähler 卡–丘空间. 并且如果给定的 Kähler 卡–丘空间是单连通的, 则得到的一族非-Kähler 卡–丘空间也是单连通的. 这是一条代数几何的线索.

锥形变换在超弦理论中占有十分重要的地位. 格林 (P.S. Green) 与洪舒 (T. Hübsch) 于 1990 年证实在超弦中所有已知的 Kähler 卡–丘空间可通过锥形变换相互连通. 洪舒甚至认为从某种意义上讲 $\#_{k\geqslant 2}(S^3 \times S^3)$ 是所有 Kähler 卡–丘空间

的 “universal” 覆盖空间.① 此处的 “universal” 我认为是在 $h^{1,1}=0$ 的意义下，而不是在单连通的意义下, 所以接下去我们要讲超弦理论这条线索.

5.4 超弦理论

这一节的前一部分材料来自于格林的书 *The Elegant Universe*, 主要参考李泳的中译本《宇宙的琴弦》.

虽然在爱因斯坦 “统治” 的年代里, 强力与弱力还没有被发现, 但他还是为存在两种截然不同的力 —— 引力与电磁力 —— 感到困惑. 爱因斯坦希望能找到一个**统一场论**来说明这两种力不过是在同一个大的基本原理里的不同表示而已. 爱因斯坦的统一理论之梦成为现代物理学的 “终极之梦”. 在 20 世纪八九十年代, 很大一部分物理学家和数学家越来越相信, 弦理论可能会带来答案. 超弦理论是一种要把自然界中所有的力包括量子引力统一的理论.

Albert Einstein (1879—1955)

照弦理论看, 宇宙是由一根根细小的弦构成的, 它们的共振模式就是粒子质量与力荷②的起源. 弦理论中的闭合线圈也能以共振形式振动 —— 类似于琴弦的共振 —— 峰谷的数目正好适应弦的长度, 而疯狂的振动模式比轻柔的振动模式有更大的能量.

为了让弦理论有意义, 宇宙应该是十维的: 九个空间维和一个时间维. 为了与我们四维现实世界相联系, 弦理论中的十维时空局部是四维闵可夫斯基 (Minkowski) 空间 (即爱因斯坦四维时空) 与额外的六维空间的积. 弦理论还要求这个六维额外的空间都蜷缩在极小的尺度里, 用我们现在能达到的能量级的实验是远远

① 2008 年 8 月哈佛大学数学系召开了庆祝丘成桐先生 60 寿辰的大会, 这是洪舒在作大会报告时最后指出的.

② Force charge, 指粒子具有的对某种力的作用产生一定影响的性质.

不能被"发现"的①.

但是, 小小的弦起着十分重要的作用. 当弦共振着在空间运动时, 额外维度的几何决定着我们在寻常三维展开空间里观察到的那些粒子的基本物理属性, 如质量、电荷等. 所以我们可以说, 宇宙的这些基本性质在很大程度上决定于多余维度的几何形态和大小.

弦理论中多余维度的空间是不能随便以任何方式"折皱"起来的: 来自理论的方程严格限定了它们的形态. 弦理论是我们知道的唯一能融合广义相对论和量子力学的方式, 但只有超对称的弦理论才能避免快子问题, 才能包括费米子振动模式, 从而才能说明组成我们世界的物质粒子. 为了实现引力的量子理论, 也为了一切力和物质的大统一, 超对称与弦理论联系在一起, 产生了超弦理论. 假如弦理论是对的, 物理学家希望超对称也是对的.

正是在这个意义上, Candelas, Horowitz, Strominger 与 Witten 在 1984 年的一篇奠基性的论文中, 发现如果十维时空是乘积空间 (乘积度量), 并且具有 $N=1$ 的超对称性, 则额外维度的空间必须是 Kähler 卡–丘空间. 也就是说, 他们宣称在我们现实世界的每点上很可能有一个极其微小的蜷缩的卡–丘空间. 下图是"超弦中的十维时空 = 爱因斯坦的四维时空 × 卡–丘空间"的示意图.

从此, 卡–丘空间名动"江湖"②. 以下这段话摘自 2010 年丘先生获 Wolf 奖颁奖词里面的一段: "The Calabi-Yau manifolds, as these are known, a particular class of Kähler manifolds, have become a cornerstone of string theory aimed at understand-

① 我的朋友曾立生博士告诉我以下的数据:

(a) The energy for which quantum gravity becomes important is roughly the Planck scale=1.22×10^{28} electronvolt.

(b) Energy of string is not really known for sure. But it's usually believed to be about 10^{27} electronvolt.

(c) The European accelerator LHC is expected to reach around 7TeV = 7×10^{12} electronvolt.

② 报告后中午交流时席南华老师说名动江湖这个"动"字用得好.

ing how the action of physical forces in a high-dimensional space might ultimately lead to our four-dimensional world of space and time."

下图是弦在卡–丘空间的振动.

稍后, Strominger 将乘积度量稍作推广, 允许度量有一个扭曲 (warped) 因子 —— 乘积度量前的因子 $e^{2D(y)}$:

$$g^0 = e^{2D(y)} \begin{pmatrix} g_{\mu\nu}(x) & 0 \\ 0 & g_{ij}(y) \end{pmatrix},$$

其中 x 是闵可夫斯基空间的参数而 y 是额外维度的六维空间的参数. 这样, 如果仍要求时空具有 $N=1$ 超对称性, Strominger 导出额外维度的六维空间就允许是非-Kähler 卡–丘空间, 但要满足一些约束方程.

具体地说, Strominger 从超对称紧致化导出:

(1) 额外维度的六维空间是非-Kähler 卡–丘空间, 即此流形具有一个处处非零的全纯 3-形式 Ω.

(2) 在卡–丘空间上有一个 Hermite 度量 ω 满足 $N=1$ 的超对称性方程

$$d^*\omega = \sqrt{-1}(\bar{\partial} - \partial) \ln \|\Omega\|_\omega. \tag{3}$$

这个方程的几何意义是 ω 相对于 Bismut 联络的和乐群包含在 $SU(3)$ 中.

(3) 在卡–丘空间上有一个相对于 ω 的稳定向量从 E. 根据李骏老师与丘先生的定理 (Donaldson-Uhlenbeck-Yau 定理的非-Kähler 版本), 这等价于在 E 上存在一个相对于 ω 的 Hermite-杨–米尔斯度量, 即存在一个 Hermite 度量 h 满足

$$F_h^{2,0} = F_h^{0,2} = 0; \quad F_h^{1,1} \wedge \omega^2 = 0. \tag{4}$$

此处 F_h 是在陈联络下度量 h 的曲率 2-形式矩阵.

(4) 度量 ω 与 h 要满足一个耦合方程:

$$\sqrt{-1}\partial\bar{\partial}\omega = \frac{\alpha'}{4}\left(\operatorname{tr}\left(R_\omega \wedge R_\omega\right) - \operatorname{tr}\left(F_h \wedge F_h\right)\right), \tag{5}$$

其中 α' 是一个很小的正常数，是有物理意义的. 这个方程称为 anomaly 方程.

曾立生博士告诉我, Candelas-Horowitz-Strominger-Witten 与 Strominger 等在超弦理论工作的动机是如何重建超弦理论中基本粒子物理的标准模型. 这些理论中的解 (无论是 Kähler 解还是非-Kähler 解) 的模空间的维数对应于四维时空中质量为零与自旋为零的粒子的个数. 这种零质量与零自旋的粒子在自然界中还没发现. 研究非-Kähler 解的动机是在一般情况下它们比 Kähler 解有更小的模空间.

前面提到, 当扭曲因子是常数时, Strominger 方程组的解就回到了 Calabi-Yau 度量. 其实, 此时复流形上的全纯向量从为此复流形的全纯切丛, $h = \omega$ 为 Calabi-Yau 度量 (参考定理 1). 所以, 数学上 Strominger 方程组可视为 Calabi 猜想到非-Kähler 卡–丘空间的推广.

Strominger 方程组的非-Kähler 解有:

(1) 2004 年, 李骏老师与丘先生通过扰动的方法, 证明了在一类 Kähler 卡–丘空间与其上的某种 $U(4)$ 与 $U(5)$ 的主丛上存在不可约的 Strominger 方程组的光滑解.

(2) 2006 年, 丘先生与我在 $K3$ 曲面的环面丛上构造了 Strominger 方程组的解. 这是第一个非-Kähler 卡–丘空间的例子. 我们还与弦理论专家讨论了我们解的物理意义, 从弦对偶的角度讨论了解的存在性.

(3) 2008 年, 曾立生、丘先生与我在 Eguchi-Hanson 空间的环面丛上构造了显式的 Strominger 方程组的解. 非紧致解在弦理论中可能有不同的物理解释, 它们可能是紧致解的局部模型, 也可能对应于弦理论的孤子对象的超引力描写.

现在还有一些人在研究 Strominger 方程组, 我在这里不一一例举了.

李骏老师与丘先生观察到 Strominger 方程组的第一个方程 (3) 等价于

$$d(\| \Omega \|_\omega \, \omega^2) = 0$$

经过共形变换后, 此方程等价于存在一个 Hermite 度量 $\tilde{\omega}$ 使得

$$d(\tilde{\omega}^2) = 0.$$

按以下定义 5, $\tilde{\omega}$ 是平衡度量. 奇怪的是直到 2004 年才发现这点. 其实平衡度量自 20 世纪 50 年代就有人开始研究了. 1982 年 Michelsohn 作了深入的研究. 这是一条微分几何的线索, 我们在下一节讲.

综上, 我们得到内禀空间 (inner space) 的候选对象是具有平衡度量的卡–丘空间. 已知的有以下一些例子：Kähler 卡–丘空间、$K3$ 曲面上的环面丛与一些 nilmanifolds, 如 Iwasawa 流形. 第一类上有 Kähler 解 (Calabi-Yau 度量), 也有非 Kähler 解 (李骏老师与丘先生的解以及后来有人做的解); 第二类上有非-Kähler 解 (丘先生与我的解); 第三类上不存在解.

微分几何、代数几何与超弦理论三条线索汇集成一个自然的问题：Kähler 卡 – 丘空间经锥形变换得到的非-Kähler 卡 – 丘空间上有没有平衡度量？即这种非-Kähler 卡 – 丘空间是不是内禀空间的候选对象或 $N = 1$ 的超对称性是不是还成立？ 这个问题丘先生在 2005 年 1 月哈佛的讨论班上讲过. 由于各种原因, 我们直到 2006 年 6 月才开始研究这个问题, 接下来我要简单地介绍一下平衡度量.

5.5　平衡度量

定义 5　一个 n 维复流形上的 Hermite 度量称为**平衡度量** (balanced metric), 若它的 Hermite 形式 ω 满足

$$d(\omega^{n-1}) = 0,$$

具有平衡度量的流形称为**平衡流形.**

按定义, 各种复流形之间有如下包含关系：

$$\{\text{Hermitian 流形}\} \supset \{\text{平衡流形}\} \supset \{\text{Kähler 流形}\} \supset \{\text{Calabi-Yau 流形}\}.$$

我们举一些非 -Kähler 平衡流形的例子：

(1) Calabi 构造 X_Λ. 这上面有一个自然的 Hermite 度量是平衡度量.

(2) 自对偶可定向黎曼四维流形的 twistor 空间, 它上面的自然 Hermite 度量也是平衡度量. 奇怪的是大家都知道这个结果, 但直到 20 世纪 90 年代才有人写下证明. 前面已经提到只有 S^4 与 $\mathbb{P}^2$ 的 twistor 空间才是 Kähler 流形.

(3) $K3$ 曲面上的环面丛. 它的一个平衡度量为 $\omega = \pi^*\omega_{K3} + \mathrm{i}\theta \wedge \bar{\theta}$.

(4) 意大利数学家 Alessandrini 与 Bassanelli 差不多花了十年时间证明了如下的定理：若一个复流形具有平衡度量, 则它在经过双有理变换后得到的复流形仍具有平衡度量. 这个定理说明复流形上平衡度量的存在性是一个双有理不变量. 这样, Fujiki 类 C 流形是平衡流形.

(5) 我们知道紧 Kähler 流形经小形变后得到的复流形仍是 Kähler 流形, 这是 Kodaira-Spencer 的结果. 但一般的紧平衡流形经小形变之后得到的复流形不一定是平衡流形. 最简单的反例就是 Iwasawa 流形, 这也是由上面两个意大利数学家

给出的. 丘先生与我给出了一个较弱的充分条件使得平衡流形经小形变后得到的仍是平衡流形. 这个充分条件比较容易验证, 特别是自对偶四维流形的 twistor 空间满足这个充分条件, 所以我们得到这种 twistor 空间经小形变之后还是平衡流形. 这样就得到了大量的平衡流形的例子, 但是它们的典则线丛都不是平凡的. 也就是说, 它们不是内禀空间的候选对象.

5.6 主要结果与意义

经过近两年的努力, 李骏老师、丘先生与我于 2008 年证明了

定理 2 *设 X_t 是 Kähler 卡–丘空间经锥形变换得到的一族光滑的非-Kähler 卡–丘空间, 则 X_t 具有平衡度量.*

推论 5.1 *在卡–丘空间 $\#_{k\geqslant 2}(S^3 \times S^3)$ 上存在平衡度量.*

作为副产品, 我们还得到了

推论 5.2 *在卡–丘空间 $\#_{k\geqslant 2}(S^3 \times S^3)$ 上不存在 $\partial\bar{\partial}$-闭的 Hermite 度量.*

我们的主要结果有如下一些意义:

(1) 主要结果表明了从 Kähler 卡–丘空间出发经锥形变换得到的非-Kähler 卡–丘空间满足 Strominger 方程组的第一个方程 (3). 简单地说, $N=1$ 的超对称性在锥形变换下是保持不变的. 这样就得到大量的非-Kähler 内禀空间的候选对象.

(2) 我们的证明是构造性的, 构造的度量在奇点附近几乎是 Ricci-平坦的 Kähler 度量, 并且可以计算出相差的阶. 这在以后进一步的理论研究中是有用的. 如丘先生的学生全明道博士在他的博士论文中用我们的度量与估计研究了非-Kähler 卡–丘空间上的 Hermite-杨–米尔斯向量丛的存在性.

(3) 因为 $X = \#_{k\geqslant 2}(S^3 \times S^3)$ 满足 $\partial\bar{\partial}$-引理并且它的 Hodge 数 $h^{2,2}(X) = 0$, 所以我们在 X 上其实构造了一个严格正定的 $\partial\bar{\partial}$-正合的 $(2,2)$-形式:

$$\omega^2 = \partial\bar{\partial}\psi > 0. \tag{6}$$

这在紧复流形上是第一次发现这种严格正定的形式, 在多复变中应该是有理论意义与实际应用的, 例如我们可用这个事实来简单证明推论 5.2.

证明 若存在 $\partial\bar{\partial}$-闭的 Hermite 度量 ω_0, 则利用 (6) 可导致矛盾:

$$0 < \int_X \omega_0 \wedge \omega^2 = \int_X \omega_0 \wedge \partial\bar{\partial}\psi = \int_X \partial\bar{\partial}\omega_0 \wedge \psi = 0.$$

最后, 我提几个认为值得研究的问题:

(1) 经锥形变换得到的非-Kähler 卡–丘空间上是否存在 Strominger 方程组的解? 这是丘先生最关心的问题. 问题是第三个方程实在太难解了.

(2) 设 $X=\#_{k\geqslant 2}(S^3\times S^3)$. X 的全纯切丛是稳定的, 所以对于给定的平衡度量存在唯一的相应于此度量的 Hermite-杨–米尔斯度量. 在 X 上是否存在唯一的平衡度量使得它作为全纯切丛的 Hermite 度量相对于它自身是 Hermite-杨–米尔斯度量? 这是 Calabi-Yau 度量在非-Kähler 流形上的另一种推广 (见定理 1 的第四条). 我个人觉得这是一个很有意思的问题.

(3) 如何研究非-Kähler 复几何? 这也许可以上升到一个哲学问题. 我举一个简单的例子. 可给 $S^5\times S^1$ 一个复结构使得 $\pi: S^5\times S^1\to\mathbb{P}^2$ 是全纯的. 可以证明, 在这个复流形上不存在平衡度量与 $\partial\bar\partial$-闭的 Hermite 度量. 那么该如何用好这个复结构呢? 用得不好反而会使问题复杂化.

(4) 用例 6 的办法可以给 S^6 一个近复结构使之成为近复流形. 一个经典的问题是 S^6 上是否存在近复结构? 丘先生猜测三维以上 (包括三维) 的任意近复流形都有复结构.

致谢　十分感谢席南华老师与张伟平老师仔细阅读了全文并提出了许多宝贵的意见. 我同时要感谢 google, 由于它的存在, 使得我们省掉很多查资料的时间. 本文中的所有图片也是从 google 下载的. 所引用的书已经在文章中提到, 而专业文献我就不一一例举了, 虽然我从这些专业文献中学到了很多.

后　记

1986 年于绍兴市诸暨师范毕业后, 我在绍兴城里教了六年小学. 通过自学, 于 1992 年考入杭州大学数学系读研究生, 师从白正国先生与沈一兵先生. 虽然当时的我对数学与前途感到迷茫而成天在玩, 但在两位先生近乎严苛的训练下, 我在杭大还是学到了一些本事. 那时我研究的是关于主曲率的子流形几何, 也读过 Lie 球面几何与调和映射, 最终做了一点调和 (态) 射的工作①. 这一工作虽然很简单, 但在讨论班上得到了沈先生的很高评价, 这坚定了我继续走数学这条道路的决心. 1997 年毕业后我到复旦大学做博士后, 指导老师是忻元龙先生, 开始研究当时全世界逐渐 “炒” 得热火朝天的特殊拉格朗日子流形几何②. 忻先生在我身上花费了大量的时间与心血, 他为我单独开讨论班, 有时一星期多达三次, 我几乎读遍了 1999 年之前这方面的所有文献. 但由于我静不下心来作研究, 所以在博士后期间没有多大建树, 只写了一篇论文③. 在找工作时, 除了上海交大与同济, 我几乎跑遍了上海所有的高校, 因论文太少而处处碰壁. 在作出站报告前一天, 忻先生对

① 到欧氏空间的调和 Morphisms 的分类. 数学年刊 (中文版), 1999, 20A:3 361-364.

② 其实我真正接触 Calabi-Yau 流形是在这个时候.

③ The moduli space of complex Lagrangian surmanifolds in hyper-Kalhler manifolds. Chinese Ann. Math. Ser., 1999, 20B: 393-400.

谷超豪先生介绍了我做的工作并作了推荐[①], 谷先生与胡和生先生决定把我留在复旦大学数学研究所. 他们要求我参加他们的讨论班, 并且把我推荐给李骏老师. 在谷先生与胡先生的讨论班上我耳濡目染了数学物理, 而李老师决定把我往复几何方向带, 特别让我读一些关于度量方面的文献, 并开始耐心地带我做原创性的工作. 我理解的原创性工作是没有现成的可模仿的框架. 2003 年, 谷先生与胡先生让我申请留学基金委的项目. 在李老师、忻先生与张伟平老师的推荐下, 我于 2004 年 11 月 10 日去哈佛大学数学系跟丘先生学习了一年的几何分析. 自那时起, 丘先生开始带着我研究非 -Kähler 复几何. 从 2006 年至 2009 年丘先生每年邀请我访问哈佛三至四个月, 在那个时间里, 丘先生只要一有空就与我聊数学, 使我大长见识, 我非常怀念那段时光. 这次报告有关我们的工作就是从 2004 年起开始合作的.

最后, 我要感谢洪家兴先生对我在偏微分方程上的帮助.

① 事实上, 忻先生对谷先生说, Hitchin 当时也对特殊拉格朗日子流形很感兴趣, 于 1997 年 11 月在 arXiv 网页贴了一篇关于特殊拉格朗日子流形的模空间的论文 (arXiv:dg-ga/9711002). 在这篇论文中, Hitchin 提到了超 -Kähler 流形中的复拉格朗日子流形的模空间问题, 我于 1998 年 10 月解决了这个问题. 然后我把论文给忻先生看, 他看了感到很好, 就将论文寄给了 Hitchin. Hitchin 回信说他也做了同样的结果 (arXiv:math/9901069), 准备发在《亚洲数学杂志》为庆祝 Atiyah 70 寿辰的专辑中, 并说如果需要, 他可将论文发给我们. 当然, Hitchin 在论文中的观点更高, 是我无法达到的.

6 神奇的 Leech 格及相关的美妙数学

宗传明

1949 年, 贝尔实验室的 Golay 发现了 Golay 码. 这是信息论历史上的一个重要发现, 因为它能在信息传输过程中自动发现错误和纠正错误. 1967 年, 英国数学家 Leech 在 Golay 码的基础上构造了一个 24 维的格 (lattice), 即 Leech 格. 1968 年, 剑桥大学的 Conway 通过研究 Leech 格的变换群发现了三个散在单群从而一夜成名. 后来, 人们又发现: Leech 格不仅能实现 24 维单位球的牛顿数 (与固定单位球同时相切的单位球的最大个数)——196560, 而且还能实现 24 维单位球的最大堆积密度. 注意, 在 9 至 23 维空间, 我们对相应的堆积问题几乎一无所知. 本报告将介绍这些优美数学及发现故事.

6.1 Hamming 与 Golay 的纠错码

1940 年前后, 计算机技术刚刚开始. 那时编码就是将信息转换为 0/1 数串, 也就是二元域 F_2 上的 n 维线性空间 F_2^n 中的点. 比如, 将"继续"指令转换为 (01011). 由于技术、材料、干扰等原因, 传输过程总有出错的可能. 假设传输过程出了错误, 对方收到的是 (11011), 信息还原后他可能会得到完全错误的指令. 反映在早期计算机上, 就可能是停机或者得出完全错误的结果.

信息传输过程示意图

问题 如何使计算机能自动识别错误并且改正错误?

码, 码字, 线性码 称 F_2^n 中的一个子集合 C 为一个*二元码* (binary code), 称 C 中的元素为*码字* (codeword). 特别地, 当 C 是 F_2^n 的 k 维线性子空间时, 称 C 为一个 (n,k)-*线性码* (linear code).

Hamming 距离 假设 $\boldsymbol{u}=(u_1,u_2,\cdots,u_n)$ 和 $\boldsymbol{v}=(v_1,v_2,\cdots,v_n)$ 是 C 中的两个码字, 称

$$\|\boldsymbol{u},\boldsymbol{v}\|_H=\sum_{i=1}^{n}|u_i-v_i|$$

为这两个码字之间的 Hamming 距离. 这一距离满足三角不等式. 记 $\|\boldsymbol{u}\|_H := \|\boldsymbol{u}, \boldsymbol{0}\|_H$, 其中 $\boldsymbol{0} = (0, 0, \cdots, 0) \in F_2^n$.

纠错码 (error-correcting codes) 假设我们能够设计一个码 C 使得任意两个码字之间的 Hamming 距离都不小于 r. 如果在传输过程中码字 $\boldsymbol{u}$ 变成了 $\boldsymbol{u}'$ (注意, $\boldsymbol{u}'$ 可能不在 C 中), 并且假定 $\boldsymbol{u}$ 和 $\boldsymbol{u}'$ 的 Hamming 距离小于等于 $\left\lfloor \dfrac{r-1}{2} \right\rfloor$ (即最多出现 $\left\lfloor \dfrac{r-1}{2} \right\rfloor$ 个错误), 那么容易证明 $\boldsymbol{u}$ 是 C 中唯一一个与 $\boldsymbol{u}'$ 最近的码字. 也就是说, 在还原的过程中取最近点就可以自动纠错.

例 1 设 C 是由所有 $u \in F_2^n$ 的 r-重码构成的集合. 显然, C 是 F_2^{nr} 的 n 维线性子空间, 即 r-重码是线性码. 另外, 易知 C 中的码字之间的 Hamming 距离都不小于 r. 因此, r-重码具有检测并纠正 $\left\lfloor \dfrac{r-1}{2} \right\rfloor$ 个错误的功能. 但是, 它的纠错效率太低, 不实用.

Hamming 码 纠错码这一重要思想是汉明 (Richard W. Hamming) 于 1948 年发现的. 在此基础上, 他构造出了第一个纠错码 H_7 (到了 1950 年才发表). 它是由

$$G = \begin{pmatrix} 1 & 0 & 0 & 0 & 1 & 1 & 0 \\ 0 & 1 & 0 & 0 & 1 & 0 & 1 \\ 0 & 0 & 1 & 0 & 0 & 1 & 1 \\ 0 & 0 & 0 & 1 & 1 & 1 & 1 \end{pmatrix}$$

生成的 $(7, 4)$- 线性码, 即

$$H_7 = \{uG \ : \ u \in F_2^4\}. \tag{1}$$

显然, H_7 共有 $2^4 = 16$ 个码字. 另外我们可以验证, 其中任意两个码字之间的 Hamming 距离都不小于 3. 所以, H_7 可以自动纠正 1 个错误. 换句话说, 假设信息传输过程中每个码字最多出现 1 个错误, 那么 H_7 就可以完全自动纠错.

Golay 码 1949 年, 高莱 (Marcel J. E. Golay) 发现了以他的名字命名的纠错码 G_{24}. 这是信息论发展史上的一项重大突破, 因为它使信息传输过程中自动纠错成为可行. 该码可由下列矩阵生成:

$$\begin{pmatrix}
1&0&0&0&0&0&0&0&0&0&0&0&1&0&1&0&0&0&1&1&1&0&1&1\\
0&1&0&0&0&0&0&0&0&0&0&0&1&1&0&1&0&0&0&1&1&1&0&1\\
0&0&1&0&0&0&0&0&0&0&0&0&0&1&1&0&1&0&0&0&1&1&1&1\\
0&0&0&1&0&0&0&0&0&0&0&0&1&0&1&1&0&1&0&0&0&1&1&1\\
0&0&0&0&1&0&0&0&0&0&0&0&1&1&0&1&1&0&1&0&0&0&1&1\\
0&0&0&0&0&1&0&0&0&0&0&0&1&1&1&0&1&1&0&1&0&0&0&1\\
0&0&0&0&0&0&1&0&0&0&0&0&0&1&1&1&0&1&1&0&1&0&0&1\\
0&0&0&0&0&0&0&1&0&0&0&0&0&0&1&1&1&0&1&1&0&1&0&1\\
0&0&0&0&0&0&0&0&1&0&0&0&0&0&0&1&1&1&0&1&1&0&1&1\\
0&0&0&0&0&0&0&0&0&1&0&0&1&0&0&0&1&1&1&0&1&1&0&1\\
0&0&0&0&0&0&0&0&0&0&1&0&0&1&0&0&0&1&1&1&0&1&1&1\\
0&0&0&0&0&0&0&0&0&0&0&1&1&1&1&1&1&1&1&1&1&1&1&0
\end{pmatrix}$$

可以验证 G_{24} 共有 $2^{12}=4096$ 个码字, 并且任意两个码字之间的 Hamming 距离都不小于 8, 所以它可以自动纠正 3 个错误的码字.

Hamming 与 Golay 关于纠错码的优先权之争　1947 年 Hamming 首先发现了纠错码的思想, 后来又构造出了 Hamming 码 H_7. 正在申请专利的那段时间, Hamming 把这件事告诉了他的同事香农 (Claude E. Shannon, 1916—2001). 后来, 香农在一次报告中提到了这一想法. Golay 当时是一位听众, 他觉得这个很神奇. 通过不断地试探, 他最后构造出了 Golay 码 G_{24}. 但是 G_{24} 发表的比 H_7 要早, 而且它更有用, 所以当时很多人都认为, 纠错码最早是 Golay 发现的. 纠错码这个概念在信息论里面非常重要, 所以就产生了优先权问题. 后来, 香农出面澄清, 确实是 Hamming 先提出来的. 所以现在大家都公认, 纠错码的思想是 Hamming 发现的.

6.2　格

1840 年前后, 作为整数系统的自然推广, 高斯 (Carl F. Gauss) 引进了格 (lattice) 的概念: 假设 $\boldsymbol{a}_1, \boldsymbol{a}_2, \cdots, \boldsymbol{a}_n$ 是 n 维欧氏空间 E^n 中的 n 个线性无关的向量. 称

$$\Lambda=\left\{\sum z_i\boldsymbol{a}_i:\ z_i\in\mathbb{Z}\right\}$$

为一个 n 维的格. 称 $\{\boldsymbol{a}_1,\boldsymbol{a}_2,\cdots,\boldsymbol{a}_n\}$ 为 Λ 的一个基. 此时, 称

$$P=\{\lambda_1\boldsymbol{a}_1+\cdots+\lambda_n\boldsymbol{a}_n:\ 0\leqslant\lambda_i\leqslant 1\}$$

为格 Λ 的一个基本体. 一个格有无穷多组不同的基, 也就有无穷多个不同的基本体. 但是, 所有的基本体都有相同的体积. 原因在于, $\{\boldsymbol{u}_1,\boldsymbol{u}_2,\cdots,\boldsymbol{u}_n\}$ 和 $\{\boldsymbol{v}_1, \boldsymbol{v}_2,\cdots,\boldsymbol{v}_n\}$ 是 Λ 的两组基当且仅当存在一个整幺模矩阵 A 使得 $\boldsymbol{u}_i=\boldsymbol{v}_jA$.

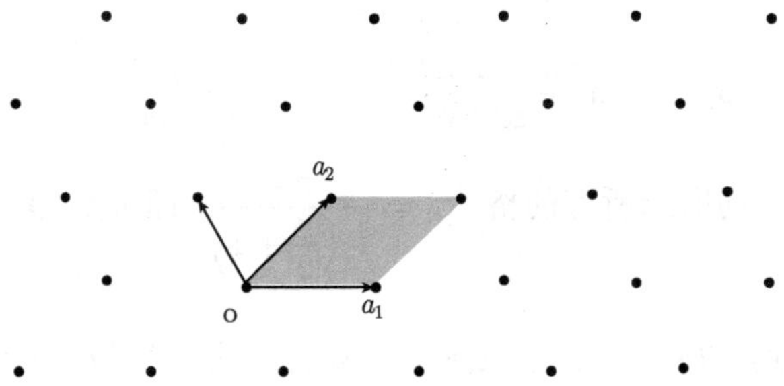

平面上的格

容易看到, 一个给定的格 Λ 有 4 个基本量:

(1) 基本体的体积 $\det(\Lambda) = \mathrm{vol}\left\{\sum \lambda_i \boldsymbol{a}_i : \ 0 \leqslant \lambda_i \leqslant 1\right\}$;

(2) 最短向量的长度 $\ell(\Lambda) = \min\left\{\|\boldsymbol{o}, \boldsymbol{v}\| : \ \boldsymbol{v} \in \Lambda \setminus \{\boldsymbol{o}\}\right\}$;

(3) 最短向量的个数 $k(\Lambda) = \sharp\{\ \boldsymbol{v} \in \Lambda \setminus \{\boldsymbol{o}\} : \ \|\boldsymbol{o}, \boldsymbol{v}\| = \ell(\Lambda)\}$;

(4) 最远点的距离 $\rho(\Lambda) = \max\left\{\|\boldsymbol{x}, \Lambda\| : \ \boldsymbol{x} \in E^n\right\}$.

格堆积, 格覆盖 我们用 B^n 表示 n 维空间中以坐标原点为球心的单位球, 即

$$B^n = \left\{\boldsymbol{x} = (x_1, \cdots, x_n) \in E^n \ : \ \sum_{i=1}^{n} x_i^2 \leqslant 1\right\}$$

在 Λ 的每一个点放置一个单位球, 得到一个系统 $B^n + \Lambda$. 如果其中的球两两内部互不相交, 就称 $B^n + \Lambda$ 为一个**格堆积**. 如果 $B^n + \Lambda = E^n$, 就称 $B^n + \Lambda$ 为 E^n 的一个**格覆盖**.

高斯、埃尔米特 (Charles Hermite, 1822—1901)、闵可夫斯基 (Hermann Minkowski, 1864—1909) 等深入研究了如下三个重要的几何常数:

$$k_n = \max_{\Lambda} k(\Lambda),$$

$$\delta_n = \max_{B^n+\Lambda\text{是格堆积}} \frac{\mathrm{vol}(B^n)}{\det(\Lambda)}$$

和

$$\theta_n = \min_{B^n+\Lambda\text{是格覆盖}} \frac{\mathrm{vol}(B^n)}{\det(\Lambda)}.$$

这三个常数都有着明显的几何意义. k_n 就是在格堆积中能与一个单位球同时相切的其他单位球的最大个数, 而 δ_n 和 θ_n 分别是 n 维单位球的最大格堆积密度和最小格覆盖密度. 不难验证

$$\delta_n = \max_{\Lambda} \frac{\mathrm{vol}\left(\dfrac{\ell(\Lambda)}{2} B^n\right)}{\det(\Lambda)} = \frac{\omega_n}{2^n} \cdot \max_{\Lambda} \frac{(\ell(\Lambda))^n}{\det(\Lambda)}, \tag{2}$$

并且

$$\theta_n = \min_{\Lambda} \frac{\mathrm{vol}(\rho(\Lambda)B^n)}{\det(\Lambda)} = \omega_n \cdot \min_{\Lambda} \frac{(\rho(\Lambda))^n}{\det(\Lambda)},$$

其中的极大和极小均取遍所有的格, $\omega_n = \dfrac{\pi^{\frac{n}{2}}}{\Gamma\left(\frac{n}{2}+1\right)}$, 即 n 维单位球的体积 ($\Gamma(x)$ 为 gamma 函数).

数论形式 用 $F(\boldsymbol{x}) = \boldsymbol{x}A\boldsymbol{x}'$ 表示一个 n 元正定二次型, 用 F_n 表示所有这种二次型构成的集合. 定义

$$m(F) = \min\{F(\boldsymbol{x}):\ \boldsymbol{x} \in \mathbb{Z}^n \setminus \{\boldsymbol{o}\}\}$$

和

$$M(F) = \sharp\{\boldsymbol{z}:\ \boldsymbol{z} \in \mathbb{Z}^n,\ F(\mathbf{z}) = m(F)\}.$$

在此基础上, 我们定义两个著名的数论常数:

$$f_n = \max_{F \in F_n} M(F)$$

以及 Hermite 常数

$$\gamma_n = \max_{F \in F_n} \frac{m(F)}{|A|^{\frac{1}{n}}}.$$

这里定义的 f_n 和 γ_n 跟上面所定义的几何常数有什么关系呢? 由于 A 是正定对称矩阵, 所以一定存在 n 阶非奇异矩阵 T, 使得 $A = TT'$. 这样, 我们得到

$$F(\boldsymbol{x}) = \boldsymbol{x}A\boldsymbol{x}' = \boldsymbol{x}TT'\boldsymbol{x}' = \langle \boldsymbol{x}T, \boldsymbol{x}T \rangle.$$

定义格

$$\Lambda = \{\boldsymbol{z}T\ :\ \boldsymbol{z} \in \mathbb{Z}^n\}.$$

显然, $\det(\Lambda) = |T| = |A|^{\frac{1}{2}}$, 并且 $\ell(\Lambda) = m(F)^{\frac{1}{2}}$. 由此, 结合 (2) 容易导出

$$k_n = f_n$$

和

$$\delta_n = \frac{\omega_n}{2^n} \gamma_n^{\frac{n}{2}}.$$

这就是为什么格堆积问题不仅是几何问题, 也是数论问题的原因.

例 2(Lagrange, 1773) 设 $F(\boldsymbol{x})$ 是一个二元正定二次型, 那么

$$F(\boldsymbol{z}) = m(F)$$

最多有 6 组整数解. 单位圆盘的最大格堆积密度是 $\dfrac{\pi}{\sqrt{12}}$.

例 3(Gauss, 1840) 设 $F(\boldsymbol{x})$ 是一个三元正定二次型, 那么

$$F(\boldsymbol{z})=m(F)$$

最多有 12 组整数解. 单位球的最大格堆积密度是 $\dfrac{\pi}{\sqrt{18}}$.

6.3 Leech 格

纠错码的理念是在 F_2^n 中找到尽量多的点且使这些点之间的 Hamming 距离尽量大. 这让人联想到在一个有限的空间中堆放等半径的球使得球的个数尽量多, 半径尽量大. 在这一理念的基础上, John Leech (里奇) 于 1967 年首先考虑了 Z^{24} 中模 2 后全在 G_{24} 中并且坐标和能被 4 整除的点构成的格. 两年后, 他发现这个格有一类深洞并且将深洞补充到原来的格又产生一个新格, 它 (经过规范) 就是著名的 Leech 格:

$$\Lambda_{24}=\frac{1}{2\sqrt{2}}\left\{\boldsymbol{z}A:\ \boldsymbol{z}\in Z^{24}\right\},$$

其中

$$A=\begin{pmatrix}
8&0&0&0&0&0&0&0&0&0&0&0&0&0&0&0&0&0&0&0&0&0&0&0\\
4&4&0&0&0&0&0&0&0&0&0&0&0&0&0&0&0&0&0&0&0&0&0&0\\
4&0&4&0&0&0&0&0&0&0&0&0&0&0&0&0&0&0&0&0&0&0&0&0\\
4&0&0&4&0&0&0&0&0&0&0&0&0&0&0&0&0&0&0&0&0&0&0&0\\
4&0&0&0&4&0&0&0&0&0&0&0&0&0&0&0&0&0&0&0&0&0&0&0\\
4&0&0&0&0&4&0&0&0&0&0&0&0&0&0&0&0&0&0&0&0&0&0&0\\
4&0&0&0&0&0&4&0&0&0&0&0&0&0&0&0&0&0&0&0&0&0&0&0\\
2&2&2&2&2&2&2&2&0&0&0&0&0&0&0&0&0&0&0&0&0&0&0&0\\
4&0&0&0&0&0&0&0&4&0&0&0&0&0&0&0&0&0&0&0&0&0&0&0\\
4&0&0&0&0&0&0&0&0&4&0&0&0&0&0&0&0&0&0&0&0&0&0&0\\
4&0&0&0&0&0&0&0&0&0&4&0&0&0&0&0&0&0&0&0&0&0&0&0\\
2&2&2&2&0&0&0&0&2&2&2&2&0&0&0&0&0&0&0&0&0&0&0&0\\
4&0&0&0&0&0&0&0&0&0&0&0&4&0&0&0&0&0&0&0&0&0&0&0\\
2&2&0&0&2&2&0&0&2&2&0&0&2&2&0&0&0&0&0&0&0&0&0&0\\
2&0&2&0&2&0&2&0&2&0&2&0&2&0&2&0&0&0&0&0&0&0&0&0\\
2&0&0&2&2&0&0&2&2&0&0&2&2&0&0&2&0&0&0&0&0&0&0&0\\
4&0&0&0&0&0&0&0&0&0&0&0&0&0&0&0&4&0&0&0&0&0&0&0\\
2&0&2&0&2&0&0&2&2&2&0&0&0&0&0&0&2&2&0&0&0&0&0&0\\
2&0&0&2&2&2&0&0&2&0&2&0&0&0&0&0&2&0&2&0&0&0&0&0\\
2&2&0&0&2&0&2&0&2&0&0&2&0&0&0&0&2&0&0&2&0&0&0&0\\
0&2&2&2&2&0&0&0&2&0&0&0&2&0&0&0&2&0&0&0&2&0&0&0\\
0&0&0&0&0&0&0&0&2&2&0&0&2&2&0&0&2&2&0&0&2&2&0&0\\
0&0&0&0&0&0&0&0&2&0&2&0&2&0&2&0&2&0&2&0&2&0&2&0\\
-3&1&1&1&1&1&1&1&1&1&1&1&1&1&1&1&1&1&1&1&1&1&1&1
\end{pmatrix}.$$

Leech 发现 Λ_{24} 具有 196560 个最短向量, 其长度均为 2. 所以, $B^{24}+\Lambda_{24}$ 构成一个格堆积, 其密度为 $\frac{\pi^{12}}{12!}$. 这样就得到了

$$k_{24} \geqslant 196560 \tag{3}$$

和

$$\delta_{24} \geqslant \frac{\pi^{12}}{12!}. \tag{4}$$

随着人们对 Leech 格的深入了解, 它的许多种不同的构造相继被发现. 在 Conway 和 Solane 的名著 *Sphere Packings, Lattices and Groups* 中就列举探讨了多种构造.

John Leech 是一位非常平凡的数学家, 他是一位剑桥大学毕业生, 曾参与早期计算机的研制, 后来一直在苏格兰斯特林大学担任讲师, 教授程序设计, 直到快退休时才被晋升为副教授. 他于 1992 年去世. 尽管他在世时几乎默默无闻, 但在数学史的长河中他会以他的伟大发现永垂不朽.

6.4　Conway 群的发现

Leech 注意到 Λ_{24} 具有极好的对称性, 也就是说它到自身且保持原点不变的变换群非常大. 所以, 他向多位群论专家建议研究这一变换群.

单群　*没有非平凡正规子群的群被称为单群.*

有限单群分类定理　*有且仅有如下有限单群:*

(1) *素数阶的循环群.*

(2) $n \geqslant 5$ *的交错群* A_n.

(3) Lie *型单群* (16 *族*).

(4) 26 *个散在单群.*

最早的两个散在单群是由 E. Mathieu 于 1861 年发现的. 截止到 1968 年, 人们只知道 8 个散在单群. 1968 年, 康威 (John H. Conway) 确定了 Leech 格的变换群 Co_0, 它可由 6 个元素 (24×24 矩阵)α, β, γ, δ, ε 和 ζ 生成, 其中, 2ζ 为

$$
\begin{pmatrix}
1 & 0 & 0 & -1 & 0 & 0 & 0 & 0 & 0 & 0 & 0 & 0 & 0 & 0 & 0 & -1 & 0 & 0 & 0 & 0 & 0 & 0 & 0 & -1 \\
0 & 1 & 0 & 0 & 0 & 0 & 0 & 0 & 0 & 0 & 0 & 0 & -1 & 0 & 0 & 0 & 0 & 0 & 0 & 0 & 0 & -1 & -1 & 0 \\
0 & 0 & 1 & 0 & 0 & 0 & 0 & -1 & 0 & 0 & 0 & -1 & 0 & -1 & 0 & 0 & 0 & 0 & 0 & 0 & 0 & 0 & 0 & 0 \\
-1 & 0 & 0 & 1 & 0 & 0 & 0 & 0 & 0 & 0 & 0 & 0 & 0 & 0 & 0 & -1 & 0 & 0 & 0 & 0 & 0 & 0 & 0 & -1 \\
0 & 0 & 0 & 0 & 1 & 0 & 0 & 0 & 0 & 0 & -1 & 0 & 0 & 0 & 0 & 0 & -1 & -1 & 0 & 0 & 0 & 0 & 0 & 0 \\
0 & 0 & 0 & 0 & 0 & 1 & -1 & 0 & 0 & -1 & 0 & 0 & 0 & 0 & 0 & 0 & 0 & 0 & 0 & -1 & 0 & 0 & 0 & 0 \\
0 & 0 & 0 & 0 & 0 & -1 & 1 & 0 & 0 & -1 & 0 & 0 & 0 & 0 & 0 & 0 & 0 & 0 & 0 & -1 & 0 & 0 & 0 & 0 \\
0 & 0 & -1 & 0 & 0 & 0 & 0 & 1 & 0 & 0 & 0 & -1 & 0 & -1 & 0 & 0 & 0 & 0 & 0 & 0 & 0 & 0 & 0 & 0 \\
0 & 0 & 0 & 0 & 0 & 0 & 0 & 0 & 1 & 0 & 0 & 0 & 0 & 0 & -1 & 0 & 0 & 0 & -1 & 0 & -1 & 0 & 0 & 0 \\
0 & 0 & 0 & 0 & 0 & -1 & -1 & 0 & 0 & 1 & 0 & 0 & 0 & 0 & 0 & 0 & 0 & 0 & 0 & -1 & 0 & 0 & 0 & 0 \\
0 & 0 & 0 & 0 & -1 & 0 & 0 & 0 & 0 & 0 & 1 & 0 & 0 & 0 & 0 & 0 & -1 & -1 & 0 & 0 & 0 & 0 & 0 & 0 \\
0 & 0 & -1 & 0 & 0 & 0 & 0 & -1 & 0 & 0 & 0 & 1 & 0 & -1 & 0 & 0 & 0 & 0 & 0 & 0 & 0 & 0 & 0 & 0 \\
0 & -1 & 0 & 0 & 0 & 0 & 0 & 0 & 0 & 0 & 0 & 0 & 1 & 0 & 0 & 0 & 0 & 0 & 0 & 0 & 0 & -1 & -1 & 0 \\
0 & 0 & -1 & 0 & 0 & 0 & 0 & -1 & 0 & 0 & 0 & -1 & 0 & 1 & 0 & 0 & 0 & 0 & 0 & 0 & 0 & 0 & 0 & 0 \\
0 & 0 & 0 & 0 & 0 & 0 & 0 & 0 & -1 & 0 & 0 & 0 & 0 & 0 & 1 & 0 & 0 & 0 & -1 & 0 & -1 & 0 & 0 & 0 \\
-1 & 0 & 0 & -1 & 0 & 0 & 0 & 0 & 0 & 0 & 0 & 0 & 0 & 0 & 0 & 1 & 0 & 0 & 0 & 0 & 0 & 0 & 0 & -1 \\
0 & 0 & 0 & 0 & -1 & 0 & 0 & 0 & 0 & 0 & -1 & 0 & 0 & 0 & 0 & 0 & 1 & -1 & 0 & 0 & 0 & 0 & 0 & 0 \\
0 & 0 & 0 & 0 & -1 & 0 & 0 & 0 & 0 & 0 & -1 & 0 & 0 & 0 & 0 & 0 & -1 & 1 & 0 & 0 & 0 & 0 & 0 & 0 \\
0 & 0 & 0 & 0 & 0 & 0 & 0 & 0 & -1 & 0 & 0 & 0 & 0 & 0 & -1 & 0 & 0 & 0 & 1 & 0 & -1 & 0 & 0 & 0 \\
0 & 0 & 0 & 0 & 0 & -1 & -1 & 0 & 0 & -1 & 0 & 0 & 0 & 0 & 0 & 0 & 0 & 0 & 0 & 1 & 0 & 0 & 0 & 0 \\
0 & 0 & 0 & 0 & 0 & 0 & 0 & 0 & -1 & 0 & 0 & 0 & 0 & 0 & -1 & 0 & 0 & 0 & -1 & 0 & 1 & 0 & 0 & 0 \\
0 & -1 & 0 & 0 & 0 & 0 & 0 & 0 & 0 & 0 & 0 & 0 & -1 & 0 & 0 & 0 & 0 & 0 & 0 & 0 & 0 & 1 & -1 & 0 \\
0 & -1 & 0 & 0 & 0 & 0 & 0 & 0 & 0 & 0 & 0 & 0 & -1 & 0 & 0 & 0 & 0 & 0 & 0 & 0 & 0 & -1 & 1 & 0 \\
-1 & 0 & 0 & -1 & 0 & 0 & 0 & 0 & 0 & 0 & 0 & 0 & 0 & 0 & 0 & -1 & 0 & 0 & 0 & 0 & 0 & 0 & 0 & 1
\end{pmatrix}
$$

这个群的阶数为 $|Co_0| = 2^{22}3^95^47^211 \cdot 13 \cdot 23$.

在此基础上, 他和汤普森 (John G. Thompson) 发现了它所包含的三个散在单群 Co_1, Co_2 和 Co_3, 其中

$$|Co_1| = 2^{21}3^95^47^211 \cdot 13 \cdot 23,$$

$$|Co_2| = 2^{18}3^65^37 \cdot 11 \cdot 23$$

和

$$|Co_3| = 2^{10}3^75^37 \cdot 11 \cdot 23.$$

Conway 一夜成名, 成为最有名的群论专家之一.

康威群的故事 Leech 深信他的格所产生的球堆积既达到最大密度又达到最大相切数. 他曾向许多人建议研究这一格的变换群和球堆积, 其中包括考克斯特 (Harold S. M. Coxeter)、托德 (John Todd)、黑格曼 (Graham Higman) 和麦肯 (John McKay) 等. 可惜由于他的名气和影响不大, 没有引起重视.

1967 年的一天, Mckay 到剑桥大学访问, 他拜访了 Conway 和 Thompson 并向他们提到了确定 Leech 格的自同构群问题. 那时, Thompson 还没有获得菲尔兹奖, 但他已是世界公认的群论大家, 是剑桥大学的教授. Conway 则刚获得博士学

位不久, 在剑桥任讲师. Thompson 表示, 若能确定这个群的阶, 他将会很感兴趣. 所以, Conway 决定试一试.

Conway 制定了一个临时计划, 每周六中午十二点到午夜、周三晚上六点到午夜来研究这一问题, 暂定先试几个月. 这样, 一个周六的下午他开始实施他的计划. 他首先观察 Leech 格的最短向量, 根据坐标特征将它们分成三类, 然后考虑它们之间的可能变换. 接近六点的时候他初步确定这个群的阶可能是

$$2^{22}3^9 5^4 7^2 11\cdot 13\cdot 23$$

或者是它的两倍. 他马上打电话把这一发现告诉 Thompson. 对方对这一发现非常激动. 他记下了这两种可能的阶数. 过了一会, Thompson 回电话给 Conway 说, 群的阶数就是

$$2^{22}3^9 5^4 7^2 11\cdot 13\cdot 23,$$

而且它有三个子群是以前所不知道的散在单群. 两人互致晚安.

放下电话后, Conway 希望能把这个群表示出来 (否则, 还不能证明它的存在). 他列出一些特殊的最短向量, 希望从它们的可能变换中找到规律. 晚上十点钟时, Conway 感到疲惫不堪, 休息前他又给 Thompson 打了电话, 告诉他找到的一些可能生成元 (24×24 矩阵).

放下电话后, Conway 怎么也睡不着, 他再次来到桌子旁构造他的超级矩阵. 凌晨零点 15 分, 他终于完成了群的构造. 他再次打电话给 Thompson：我终于找到它了！这就是 Co_0 的诞生. 按照 Conway 的话说, 这十二个小时彻底改变了他的人生.

Conway 出名以后, 到很多地方去做报告. 有一次他到牛津去做报告, 听众中几位著名的群论专家问他如何证明 Co_1, Co_2 和 Co_3 是散在单群. Conway 回答说："难道不是显然的吗？" 其实, Conway 从来没证过. 当然这三个散在单群也不是他找出来的, 而是 Thompson 找到的, 而且 Thompson 也没有给出证明. 后来 Higman 写了一篇文章专门证明它们确实是散在单群.

6.5　牛顿数与球面码

Newton-Gregory 问题 (1694)　一个球最多能跟多少个等半径的球同时相切？

 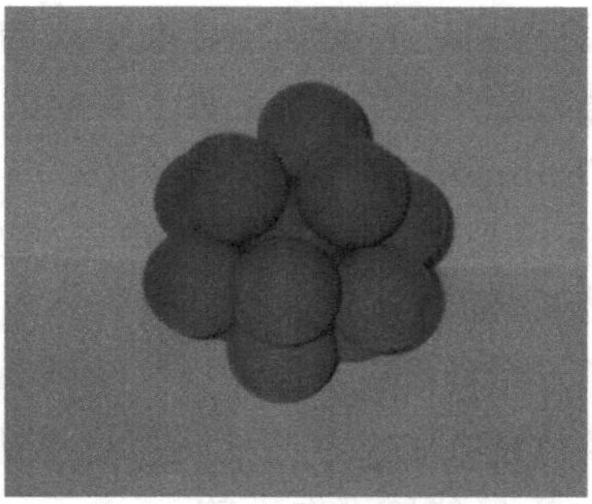

如上 (左) 图所示, 可以很容易安排 12 个球同时跟一个球相切. 进一步观察可以发现, 左图中 12 个外切球的位置是相对固定的. 上 (右) 图中也有 12 个球同时跟中间的一个相切. 所不同的是, 这 12 个球相互都不接触. 事实上, 我们知道正二十面体有 12 个顶点. 通过直接验算, 容易发现顶点到中心的距离比棱长要短一点. 这样, 如果假定顶点到中心的距离为 2 的话, 那么在中心放置一个单位球, 然后在各个顶点上分别放一个单位球. 此时, 我们得到的正好就是右图所显示的. 所以我们有理由相信, 通过适当移动这 12 个球可能会腾出足够的空间再加一个跟中间的球相切的球. 那么一个球是否可以跟 13 个球同时相切呢? 对于这一问题, 格里高利 (David Gregory) 认为答案应该是 13, 而牛顿 (Isaac Newton) 则认为答案是 12. 这一个问题有时也被称为*十三球问题*.

在许多数学文献中, Hoppe 常被引述为第一个解决十三球问题的数学家. 事实上, 他的证明是不完整的. 直到 1953 年, 通过运用图论的一些想法, Schütte 和 van der Waerden 才首次解决了这一问题, 答案就是牛顿所预言的 12.

现在我们希望把问题推广到一般的 n 维单位球. 为了方便, 我们用 k_n^* 表示能与一个 n 维单位球同时相切的 n 维单位球的最大个数 (牛顿数). 这里所定义的 k_n^* 与前面的 k_n 的差别就在于 k_n 要求球心必须在格点上, 而 k_n^* 没有这个限制. 显然, 有

$$k_n \leqslant k_n^*. \tag{5}$$

球面码 球面上的有限点集合被称为*球面码*. 假设 θ 是一个介于 0 和 $\frac{\pi}{2}$ 之间的实数. 我们定义 $m(n,\theta)$ 为在单位球的表面上两两之间的球面距离都不小于 θ 的点的最大个数. 确定或估计 $m(n,\theta)$ 是一个著名的难题. 容易看出

$$k_n^* = m\left(n, \frac{\pi}{3}\right).$$

Tammes 问题 Tammes 是一位植物学家. 1930 年, 他因研究了萌发孔如何在花粉粒的外壁上分布, 而提出了一个问题: 在三维单位球的表面上放置 m 个

点, 求这些点之间的最小球面距离的最大值. 当 $m \leqslant 12$ 或 $m = 24$ 时, 这个最大距离是已经知道的, 但是对于其他的 m 到目前为止都是未知的.

Thomson 的电子分布问题 Thomson (Sir Joseph John Thomson, 1856—1940) 是一位英国物理学家, 电子的发现者. 1904 年, Thomson 创立了原子的梅子布丁模型. 简单地说这个模型认为电子非随机地分布于几个同心圆球面. 随后, 他提出了一个问题: *在由库仑定律给出的排斥力的作用下, 球表面上的 m 个电子在什么样的分布状态下才能使得能量达到最小值*. 用数学的语言来讲: 设 $\boldsymbol{p}_1, \cdots, \boldsymbol{p}_m$ 是 (三维) 单位球表面上的 m 个不同的点, 其能量函数定义为

$$E(\boldsymbol{p}_1, \cdots, \boldsymbol{p}_m) = \sum_{i<j} \frac{1}{|\boldsymbol{p}_i - \boldsymbol{p}_j|}.$$

Thomson 问题等价于确定 $\boldsymbol{p}_1, \cdots, \boldsymbol{p}_m$ 使得其能量 $E(\boldsymbol{p}_1, \cdots, \boldsymbol{p}_m)$ 达到最小值. 更一般地, 如果 f 是一个递减的实值函数, 我们可以定义能量函数

$$E_f(\boldsymbol{p}_1, \cdots, \boldsymbol{p}_m) = \sum_{i<j} f(|\boldsymbol{p}_i - \boldsymbol{p}_j|).$$

由此可以得到广义的 Thomson 问题: 确定 $\boldsymbol{p}_1, \cdots, \boldsymbol{p}_m$ 使得 $E_f(\boldsymbol{p}_1, \cdots, \boldsymbol{p}_m)$ 达到最小值. 例如, 令 $f(x) = x^{-\alpha}$(其中 $\alpha \geqslant 0$), 此时得到能量函数

$$E_\alpha(\boldsymbol{p}_1, \cdots, \boldsymbol{p}_m) = \sum_{i<j} \frac{1}{|\boldsymbol{p}_i - \boldsymbol{p}_j|^\alpha}.$$

当 $\alpha = 1$ 时就是原始的 Thomson 问题. 当 $\alpha = \infty$ 时, 以 E_∞ 作能量函数的广义 Thomson 问题恰好等价于 Tammes 问题.

对于原始的 Thomson 问题, 到目前仅知道当 $m = 2, 3, 4, 5, 6, 12$ 的情形. 当 $m = 2$ 时, 最佳的位置就是对径点. 当 $m = 3$ 时, 这三个点分布在同一个大圆上, 并且它们正好构成平面正三角形的三个顶点. 当 $m = 4$ 时, 其分布为正四面体的四个顶点. 当 $m = 5$ 时, 其分布为三角双锥的五个顶点. 当 $m = 6$ 时, 其分布为正八面体的六个顶点. 而 $m = 12$ 时, 其分布为正二十面体的十二个顶点.

1972 年, 蒂萨特 (P. Delsarte) 发现了线性规划方法与 $m(n, \theta)$ 之间的一个深刻联系. 设 α 和 β 均为大于 -1 的给定实数. 那么由

$$P_k^{\alpha,\beta}(x) = \frac{1}{2^k} \sum_{i=0}^{k} \binom{k+\alpha}{i} \binom{k+\beta}{k-i} (x+1)^i (x-1)^{k-i}$$

所定义的一系列函数被称为带参数 α 和 β 的 k 次 Jacobi 多项式. 这是一类非常重要的特殊多项式, 有许多好的性质, 它们构成多项式空间的一组正交基. Delsarte 发现了如下结论:

Delsarte 引理 取 $\alpha = \dfrac{n-3}{2}$, 并且定义

$$f(x) = \sum_{i=0}^{k} c_i P_i^{\alpha,\alpha}(x),$$

其中 c_i 均非负且 $c_0 > 0$. 如果当 $-1 \leqslant x \leqslant \cos\theta$ 时均有 $f(x) \leqslant 0$, 那么

$$m(n,\theta) \leqslant \frac{f(1)}{c_0}.$$

这就是球堆积理论中著名的线性规划方法. 1979 年, 列文斯坦 (Vladimir I. Levenštein, 1935—)、奥德列斯库 (Andrew M. Odlyzko, 1949—) 和斯隆 (Neil J. Sloane, 1939—) 分别独立证明了下面的结论. 其方法之精妙, 结论之意外, 让几乎所有的专家都目瞪口呆.

定理 (Levenštein, Odlyzko, Sloane) 一个 24 维单位球能且仅能跟 196560 个单位球同时相切. 换句话说

$$k_{24} = k_{24}^* = 196560.$$

证明思路 取 $\alpha = \dfrac{24-3}{2} = 10.5$, 并且将 $P_i^{\alpha,\alpha}(x)$ 简写为 P_i. 定义

$$\begin{aligned} f(x) =& \frac{1490944}{15}(x+1)\left(x+\frac{1}{2}\right)^2\left(x-\frac{1}{16}\right)^2 x^2\left(x-\frac{1}{2}\right) \\ =& P_0 + \frac{48}{23}P_1 + \frac{1144}{425}P_2 + \frac{12992}{3825}P_3 + \frac{73888}{22185}P_4 \\ &+ \frac{2169856}{687735}P_5 + \frac{59062016}{25365285}P_6 + \frac{4472832}{2753575}P_7 \\ &+ \frac{23855104}{28956015}P_8 + \frac{7340032}{20376455}P_9 + \frac{7340032}{80848515}P_{10}. \end{aligned}$$

容易验证, 当 $\theta = \dfrac{\pi}{3}$ 时 $f(x)$ 满足 Delsarte 引理的全部条件. 所以

$$k_{24}^* = m\left(24, \frac{\pi}{3}\right) \leqslant \frac{f(1)}{c_0} = 196560.$$

结合 (3) 和 (5), 我们得到了

$$k_{24} = k_{24}^* = 196560.$$

证毕.

二次型形式 假设 $F(\boldsymbol{x})$ 是一个 24 元正定二次型, 那么

$$F(\boldsymbol{x}) = m(F)$$

最多有 196560 组整数解.

定理 (Bannai, Sloane) 在线性变换的意义下, 能实现 $k_{24}^*=196560$ 的局部结构是唯一的, 即 Leech 格的局部结构.

注 当 $n\geqslant 5$ 时, 我们至今仅仅知道 k_8^* 和 k_{24}^* 的精确值, 并且 $k_8^*=240$ 和 $k_{24}^*=196560$ 所对应的局部结构在线性变换的意义下都是唯一的. 值得注意的是, 在三维空间中 $k_3^*=12$ 所对应的最佳结构在旋转和对称等价的意义下不是唯一的. 另外, 近半个世纪以来, 人们难以确定 k_4^* 是 24 还是 25. 直到 2008 年, 才由穆森 (O. Musin) 最终证明 $k_4^*=24$. 这一工作的核心方法也是 Delsarte 引理, 但技巧却异常复杂.

6.6 球堆积密度

早在 1611 年, Kepler 曾研究过堆球问题并提出了如下猜想:

Kepler 猜想 在三维空间, 球堆积的最大密度是 $\dfrac{\pi}{\sqrt{18}}$.

这是一个著名的数学难题, 曾被希尔伯特列入他的 23 个数学问题. 近二十年来, 项武义和 T. Hales 分别宣布了对 Kepler 猜想的证明. 感兴趣的读者请参阅他们的论文和书.

现在我们把上面的问题推广到 n 维单位球, 我们用 δ_n^* 表示 n 维球的最大堆积密度, 它跟 δ_n 的区别就是去掉了格的限制. 显然, 有

$$\delta_n\leqslant\delta_n^*.$$

Leech 格再创奇迹 至此, Leech 格已经创造了两次奇迹: 它导致了三个散在单群 Co_1, Co_2 和 Co_3 的发现; 它产生了 24 维球的 Newton 数 $k_{24}^*=196560$. 它还能再次让数学家们震惊吗?

艾克斯 (Noam D. Elkies, 1966—) 是一个数学天才, 他 20 岁时就给出了欧拉猜想的一个反例而一鸣惊人, 21 岁获哈佛大学博士学位, 25 岁被聘为哈佛大学教授. 他发表的工作不多, 但他创造过多项数学奇迹. 他不仅是一位世界著名的数学家, 还是一流的象棋大师、杰出的音乐家.

Delsarte 引理已经为堆积理论做出了巨大贡献, 但也逐渐地显示出局限性. 受到 Delsarte 引理的启发, 人们开始尝试类似的线性规划方法.

首先, 我们给出两个概念: 傅里叶变换和优函数. 设 $f(\boldsymbol{x})$ 是一个定义在 E^n 上的实值函数, 它的傅里叶变换定义为

$$\widehat{f}(\boldsymbol{y})=\int_{E^n}f(\boldsymbol{x})\mathrm{e}^{2\pi\mathrm{i}}\langle\boldsymbol{y},\boldsymbol{x}\rangle\mathrm{d}\boldsymbol{x}.$$

如果存在两个正常数 μ 和 c 满足

$$\frac{\max\{|f(\boldsymbol{x})|,|\widehat{f}(\boldsymbol{x})|\}}{(1+|\boldsymbol{x}|)^{-n-\mu}} \leqslant c,$$

我们就称 $f(\boldsymbol{x})$ 是一个优函数.

2003 年, Elkies 与 Henry Cohn (科恩) 证明了如下结论:

Cohn-Elkies 引理 如果优函数 $f(\boldsymbol{x})$ 满足如下条件:

(1) $f(\boldsymbol{o})=\widehat{f}(\boldsymbol{o})$;

(2) 当 $\|\boldsymbol{x}\|\geqslant r$ 时 $f(\boldsymbol{x})$ 非负;

(3) $\widehat{f}(\boldsymbol{x})$ 在整个空间非负.

那么

$$\delta_n^* \leqslant \frac{\pi^{\frac{n}{2}}}{\left(\frac{n}{2}\right)!}\left(\frac{r}{2}\right)^n.$$

Cohn 于 2000 年在 Elkies 的指导下获哈佛大学博士学位. 随后到微软研究院的理论部工作, 现任高级研究员, 并兼任麻省理工学院的教授. 像贝尔实验室一样, 微软研究院的理论部也有一些杰出的数学家. 沃尔夫奖得主洛瓦茨 (László Lovász, 1948—) 和菲尔兹奖得主佛雷德曼 (Michael H. Freedman, 1951—) 都名列其中.

2002 年, 22 岁的库玛 (Abhinav Kumar) 在 Elkies 的指导下获博士学位. 这也是一位非凡的年轻人, 曾获奥林匹克数学竞赛金牌. 他攻博期间正是 Elkies 与 Cohn 发现上述引理的时候, 所以他很快就加入到了这一行列.

在 Cohn-Elkies 引理的基础上, 2009 年 Cohn 和 kumar 通过计算机辅助证明了如下结果:

定理 在 24 维空间, 堆球的最大密度 δ_{24}^* 满足

$$\frac{\pi^{12}}{12!} \leqslant \delta_{24}^* \leqslant \left(1+1.65\cdot 10^{-30}\right)\cdot\frac{\pi^{12}}{12!}.$$

定理 在 24 维空间, 球的最大格堆积密度是

$$\delta_{24}=\frac{\pi^{12}}{12!}.$$

另外, 在等价的意义下, Leech 格也是达到 δ_{24} 的唯一格.

结束语 球堆积理论有三个起源: 开普勒猜想、牛顿–格里高利问题和高斯的格理论. 经过 Davenport, Fejes Toth, Hlawka, Mahler, Minkowski, Rogers, Siegel 等杰出数学家的系统开拓, 它已发展成为一个介于数论与几何之间的经典数学分支. 这个报告仅仅讲述了这一优美数学领域中一个非常特别的例子.

致谢　本文由富千里 (泰国留学生) 在原报告的基础上整理、补充. 作者在此致谢!

参考文献

[1] Thompson T M. From Error Correcting Codes Through Sphere Packings to Simple Groups. The Mathematical Association of America, 1983.

[2] Zong C. Sphere Packings. New York: Springer-Verlag, 1999.

[3] Zong C. What is the Leech lattice. Notices AMS, 2013, 60: 1168-1169.

7 宇宙学中的基本常数

邹振隆

7.1 物理学中的基本常数

大家知道, 在数学中, 常数是可以用数学方法定义和计算的一些不变的数值, 是独立于物理测量的, 例如, 圆周率 π 是圆周长与直径之比. 虽然据文献记载, 阿基米德以前曾用实测方法去测量圆的周长和直径到底是多少, 但精度只能到一两位有效数字. 后来用几何方法, 即圆内接多边形和外接多边形的方法计算, 如中国的刘徽在公元 263 年得到 3.14165, 即 6 位有效数字的精度. 后来人们用分析方法展开为无穷级数, 精度有很大的提高, 1400 年有效数字就算到了 13 位, 有计算机以后更是突飞猛进, 2011 年计算到了 10 万亿位. 这个数非常重要, 可以说渗透到物理学、数学、工程科学的一切领域.

物理学中的基本常数与此不同, 一般是需要通过物理测量来确定的, 按照定义它不会随时间地点改变, 但是其数值受测量精度的限制较大. 例如，按 2010 年国际推荐值，牛顿引力常数 $G = 6.67384(80) \times 10^{-11}\mathrm{m^3kg^{-1}s^{-2}}$, 相对标准不确定度 $u_\mathrm{r} = 1.2 \times 10^{-4}$, 普朗克常数 $h = 6.62606957(29) \times 10^{-34}\mathrm{Js}$，$u_\mathrm{r} = 4.4\times10^{-8}$, 而真空中的光速 c 的测量值达 $299792458\mathrm{ms^{-1}}$, 因为狭义相对论的光速不变原理, 现在已被定义成一个准确量. 其他的物理常数都有各自的不确定度. 物理学中的这些基本常数一般都跟一些重要的物理理论联系在一起, 比如牛顿引力常数与万有引力定律相关, 真空光速与电磁相互作用的麦克斯韦方程相关, 普朗克常数跟微观世界的量子论联系在一起, 这都是非常重要的.

7.2 宇宙学中的基本常数

下面谈谈宇宙学中的基本常数. 宇宙学是物理学的一部分, 也是天文学的一个重要分支. 现代宇宙学可以说是 20 世纪初, 从**广义相对论**提出来以后逐渐发展起来的, 它不再只是一种理论模型, 已同天文学观测紧密联系在一起. 宇宙学里的一些基本常数实质上也是物理常数, 也是要通过物理方法来进行测量的, 这些常数非常重要, 比方说**哈勃常数**决定宇宙膨胀的快慢, 从而决定了宇宙的年龄. **曲率常数**决定着宇宙空间的几何结构是是平直的、球形的, 还是鞍形的. 还有一个称为**宇宙学常数** Λ, 1917 年由爱因斯坦引进试图使宇宙保持静止, 30 年代发现宇宙膨胀后一度放弃, 90 年代**超新星巡天**发现宇宙加速膨胀, 显示宇宙中**暗能量**占主导地位以后, 再度引起人们重视. 相对于其他的物理学常数来讲, 这些宇宙学中的常数测量精度都相当低. 例如哈勃常数 H_0, 从开始到现在减小了一个量级; 曲率常数 k 和宇宙学常数 Λ 在很长时期都不确定是为正、零还是负, 只是最近才有了一些肯定的结果.

7.3 现代宇宙学简介

现代宇宙学可追溯到 1905 年爱因斯坦提出**狭义相对论**, 1907 年闵可夫斯基提出可以用四维伪欧氏时空来描述爱因斯坦的工作. 闵可夫斯基时空的度规

$$\mathrm{d}s^2 = c^2\mathrm{d}t^2 - \mathrm{d}x^2 - \mathrm{d}y^2 - \mathrm{d}z^2$$

对于惯性系之间的洛伦兹变换是不变的. 爱因斯坦进一步基于惯性质量与引力质量相等的**等效原理**提出, 存在引力的情形下, 可以用弯曲的黎曼空间来描述时空, 时空的**度规** $g_{\mu\nu}$ 不再是常数 $(1, -1, -1, -1)$ 而是坐标的函数

$$\mathrm{d}s^2 = g_{\mu\nu}\mathrm{d}x^\mu\mathrm{d}x^\nu,$$

至于时空怎么样弯曲决定于物质, 爱因斯坦借鉴了牛顿理论的结果. 在牛顿的理论里面有一个**泊松方程**

$$\Delta\phi = 4\pi G\rho,$$

方程左边的 ϕ 是引力势 (其梯度就是引力), 右边的 ρ 是连续分布的物质密度. 在广义相对论里, 上述方程被推广为

$$R_{\mu\nu} - 1/2g_{\mu\nu}g^{\lambda\kappa}R_{\lambda\kappa} + \Lambda g_{\mu\nu} = -8\pi GT_{\mu\nu},$$

此即**爱因斯坦引力场方程**, 方程左边含描述引力势的度规 $g_{\mu\nu}$ 及其导数构成的里奇张量 $R_{\mu\nu}$, 右边含代表物质的能量–动量张量 $T_{\mu\nu}$. 数学常数 π 和引力常数 G 来自泊松方程. 这是因为在零级近似下, 广义相对论必须回到经过天文学检验的牛顿引力理论. 左边含常数 Λ 的第三项本来没有, 因为爱因斯坦在当时的观测条件下认为宇宙没有大尺度运动, 要想得到静态的宇宙解, 必须加上这么一项. 后来发现加进这一项虽然暂时可以保持静态, 但对小扰动是不稳定的, 这就跟从地球

向上扔一块石头, 它会先减速上升, 到达一个平衡点以后, 又会向下掉, 是一样的道理.

爱因斯坦场方程远比泊松方程复杂, 求解是很难的, 必须做一些简化假设. 这个假设称为**宇宙学原理**, 这个原理说：从大尺度上看, 宇宙是均匀的, 没有一个优越的位置和方向. 星系在大尺度上的分布, 以及**微波背景辐射**的均匀各向同性对这个原理提供了充分的观测支持.

从数学上可以证明, 满足宇宙学原理的时空, 一定具有 Robertson-Walker 度规：

$$\mathrm{d}s^2 = c^2\mathrm{d}t^2 - R(t)^2\left[\frac{\mathrm{d}\hat{r}^2}{1-k\hat{r}^2} + \hat{r}^2(\sin^2\theta\mathrm{d}\varphi^2 + \mathrm{d}\theta^2)\right],$$

其中**标度因子** $R(t)$ 是时间的函数, 表示宇宙尺度是可能变化的, 可以增大也可以缩小. 后面中括号后第一项分母上的 k 是一个常数, 表示空间的曲率, 是曲率常数 K 与其绝对值之比. $k=0$ 表示空间平直, $k=+1$ 表示空间为球形, $k=-1$ 表示空间为鞍面.

$$\begin{aligned}
&k = \frac{K}{|K|} \qquad (K \neq 0),\\
&k = 0 \qquad (K = 0),\\
&R_{c,0}^2 = |K|^{-1} \quad \text{或}\ K = k/R_{c,0}^2,\\
&R(t_0) = R_{c,0}.
\end{aligned}$$

1922 年, 俄国数学家、气象学家弗里德曼设想宇宙物质由理想流体描述, 然后把其能量动量张量 $(\rho c^2, -p, -p, -p)$ 和 Robertson- Walker 度规代入爱因斯坦场方程得到

$$\frac{\ddot{a}}{a} = -\frac{4\pi C}{3}\left(\rho + \frac{3p}{c^2} + \frac{1}{3}\Lambda\right),$$

$$\left(\frac{\dot{a}}{a}\right)^2 = \frac{8\pi G\rho}{3} - \frac{kc^2}{a^2R_{c,0}^2} + \frac{1}{3}\Lambda.$$

现称为**弗里德曼方程**, 式中无量纲标度因子定义为 $a(t) = R(t)/R(t_0)$.

将这两个方程联立可得

$$-\frac{p}{c^2}\frac{\mathrm{d}a^3}{\mathrm{d}t} = \frac{\mathrm{d}}{\mathrm{d}t}(a^3\rho),$$

再加上**物态方程**

$$p = w(a)\rho c^2,$$

物态方程就是联系压强 p 和密度 ρ 之间的关系. 比如一种物质如果没有压强或者像尘埃一样压强可忽略, w 就是 0; 如果是电磁辐射或极端相对论性粒子, $p = 1/3\rho c^2$, 物态方程参数 w 就是 1/3; 还有一种情况 $p = -\rho c^2$, 就是 w 等于 -1, 相当于负压. 将物态方程代入上面方程, 可得

$$\dot{\rho} = -3H(\rho + p) = -3H\rho(1 + w),$$

其解为

$$\rho(a) = \rho_0 \exp\left(-\int_1^a 3(1 + w(a))\frac{\mathrm{d}a}{a}\right).$$

对于 $w = 0$, 有

$$\rho(a) = \rho_0 a^{-3},$$

相当于粒子数守恒, 随着宇宙膨胀粒子数不变.

对于辐射 w=1/3, 有

$$\rho(a) = \rho_0 a^{-4};$$

如果 w 是 -1, 有

$$\rho(a) = \rho_0 = 常数,$$

即密度是常数. 这个就是 Λ, 如果看成一个常数的话, w 是 -1, 这相当于压强是负的.

7.4 基本的宇宙学参数

我们说基本的宇宙学参数里最重要有三个, 一个是**哈勃参数** H, 即标度因子 $a(t)$ 对时间的微商,

$$H \equiv H(t) \equiv \frac{\dot{x}}{x} = \frac{\dot{a}}{a},$$

式中物理距离 x 定义为共动距离 r 和标度因子 a 的乘积: $x(t) = a(t)r$, 实际上 H 是时间的函数. 哈勃参数的现在值称为哈勃常数 $H_0 = H(t_0)$, 它跟天体无关, 无论近的还是远的天体, 它的值都一样. 一般来讲, 物理常数无论什么时候无论什么地方都不变, 这才叫常数, 哈勃常数不太符合这一点. 我们把它限定在今天, 限定在我们观测的这个时刻, 那么它对不同的天体来说是个常数, 不管是哪个天体, 它的速度到我们距离的比值是恒定量, 我们说哈勃常数就是这个意思. 与其他的两个常数, 即曲率常数和宇宙学常数既跟时间也跟空间无关不同.

另外还有一个宇宙学参数是**密度参数**, 它是宇宙物质或能量的平均密度与所谓**临界密度**的比值. 临界密度就是使得宇宙在空间上平直 (k=0) 那样一个密度, 一般来讲, 它是随时间改变的, 如果限定取今天的值, 加上角标 0, 它也是个常数:

$$\Omega_{m,0} \equiv \frac{8\pi G\rho_0}{3H_0^2} \equiv \frac{\rho_0}{\rho_{c,0}}.$$

将哈勃参数代入弗里德曼方程, 可以得到一个代数恒等式

$$1 = \frac{8\pi G\rho}{3H^2} + \frac{\Lambda}{3H^2} - \frac{kc^2}{R_c^2}H^2,$$

$$1 = \Omega_m + \Omega_\Lambda + \Omega_{\text{curv}}.$$

方程右边有三项, 第一项跟物质密度联系在一起, 第二项跟宇宙学常数联系在一起, 最后一项是跟曲率常数 k 联系在一起. 如果把这三个量都分别用符号 Ω 来代表, 则第一项为物质密度参数 Ω_m, 第二项为宇宙学常数所代表的能量 (通常理解为真空能) 密度参数 Ω_Λ, 第三项为曲率代表的能量密度参数 Ω_{curv}. 由此可见, $\Omega_m + \Omega_\Lambda$ 等于、小于或大于 1, 就相当于 k 等于、小于或大于 0 , 分别相对于平宇宙、开宇宙、闭宇宙三个情况.

$$\begin{aligned} &\Omega_m + \Omega_\Lambda < 1, \quad k < 0, \\ &\Omega_m + \Omega_\Lambda > 1, \quad k > 0, \\ &\Omega_m + \Omega_\Lambda = 1, \quad k = 0. \end{aligned}$$

还有一个宇宙学参数叫**减速参量**, 减速参量十几年前经常提及, 现在通常用密度参数来表达了. 把标度因子按时间做幂级数展开, 第一项是一阶微商项, 含哈勃常数 H_0, 含二阶微商的项

$$q_0 \equiv -\left(\frac{\ddot{a}a}{\dot{a}^2}\right)_0$$

与加速度联系着. 若假设 p 等于 0, 从弗里德曼方程, 我们有

$$q = \frac{\Omega_m}{2} - \Omega_\Lambda \quad (p = 0).$$

由此可知, 如果 Λ=0, 则因物质密度为正, q 总大于零, 即宇宙总是减速膨胀, 而宇宙的空间几何为平直、开放、闭合, 将由减速参数 q 的值等于、小于或大于 1/2 决定. 如果宇宙学常数取较大的正值, 则 q 可能小于零, 即宇宙膨胀可能加速. 究竟加速还是减速, 取决于物质密度和宇宙学常数的测量值是多少. 长期以来因为测量精度不高, 我们无法对此做出明确判断. 只是最近十几年来, 天文学观测显示

$$\Omega_{m,0} \simeq 0.28 \pm 0.02,$$

$$\Omega_{\Lambda,0} \simeq 0.72 \pm 0.02,$$

所以有

$$q \simeq -0.58,$$

这意味着宇宙在加速膨胀.

7.5 哈勃常数的重要性

哈勃常数有什么重要性？它表示宇宙膨胀的速率. 天文观测表明, 越远的星系速度越高, 也就是说, 过去星系曾经处于非常密集的状态, 是从一个非常小的尺度膨胀 (大爆炸) 而来的. 膨胀经历的时间, 即宇宙年龄, 可以用距离除以速度来估算, 大体上相当于哈勃常数的倒数. 不同的模型可能相差一个量级为 1 的因子. 较小的哈勃常数意味着较长的宇宙年龄, 较大的哈勃常数意味着宇宙年龄比较短. 当然这只是从宇宙膨胀推算出来的年龄, 我们还可以从宇宙中各种天体, 比如说地球或者是恒星的年龄估算宇宙年龄的下限. 如果说天体的年龄比上面估算的宇宙年龄还要长, 那就可能是宇宙学模型出了问题.

以**爱因斯坦–德西特模型**为例 ($\Omega = 1, \Omega_\Lambda = 0$), 弗里德曼方程的解为

$$a = \left(\frac{3}{2}H_0 t\right)^{2/3} \quad (p = 0, \Lambda = 0, \Omega_m = 1),$$

宇宙年龄

$$t_0 = \frac{2}{3}\frac{1}{H_0} \quad (p = 0, \Lambda = 0, \Omega_m = 1).$$

不同的哈勃常数对应的宇宙年龄分别为

$$H_0 = 50\text{kms}^{-1}\text{Mpc}^{-1} \rightsquigarrow t_0 \simeq 13\text{Gyr},$$

$$H_0 = 100\text{kms}^{-1}\text{Mpc}^{-1} \rightsquigarrow t_0 \simeq 7\text{Gyr},$$

其中距离单位 Mpc 为百万秒差距, 时间单位 Gyr 为十亿年. 第二个 (较大的) 哈勃常数对应的宇宙年龄比已知最老的球状星团年龄还小, 显然是不合理的.

对于宇宙学常数主导的宇宙, 可以忽略物质密度: $\rho \approx 0$, 弗里德曼方程变为

$$\dot{a}^2 = \frac{1}{3}\Lambda a^2 - \frac{kc^2}{R_{c,0}^2},$$

其解为

$$a = \frac{kc}{R_{c,0}\sqrt{\Lambda/3}}\sinh\left(\sqrt{\frac{\Lambda}{3}}t\right) \propto \exp\left(\sqrt{\frac{\Lambda}{3}}t\right).$$

这对应于指数膨胀. 随着时间的增长, 曲率项可以忽略 (空间渐近平直), 方程变为

$$\dot{a}^2 = \frac{1}{3}\Lambda a^2,$$

即哈勃参数变为真正的常数.

各种模型对宇宙的演化有不同的描述, 有的起初膨胀是减速的, 到了一定时刻停下来, 然后再开始收缩; 有的是先减速, 后来又加速; 有的模型有一个起源的时刻, 有的模型则没有奇点. 不同模型的参数由观测决定.

7.6 宇宙学红移

宇宙学里一个非常重要的观念是**宇宙学红移**. 宇宙学红移是指由于宇宙膨胀产生的光谱线向长波端 (红端) 的移动. 由 R-W 度规可以证明, 光的波长正比于宇宙标度因子 a 在变化, 如果宇宙膨胀, 波长会变长, 如果收缩会变短,

$$\frac{a(t_{\mathrm{o}})}{a(t_{\mathrm{e}})} = \frac{\lambda_{\mathrm{o}}}{\lambda_{\mathrm{e}}} = 1 + z,$$

式中 λ_{o} 为观测波长, λ_{e} 为发射波长, z 大于零时为红移. 对于近邻天体, 可将 $a(t)$ 展开成幂级数 $a(t_0)[1 + (t - t_0)H_0 + \cdots]$. 于是, 有 $v = cz = c\Delta\lambda/\lambda = H_0\,(t_0 - t_1)c + \cdots = H_0 d + \cdots$, 即膨胀速度与距离成正比.

宇宙学红移从物理上可以这样来理解: 设光子数的密度是 n, 每一个光子的能量是 $h\nu$, 光子的能量密度是 $nh\nu$, 比例于 a 的负 4 次方, 而光子数密度比例于 a 的负 3 次方, 所以它的频率比例于 a 的负 1 次方, 即波长跟 a 成正比, 所以宇宙学红移表示的是光的波长随着宇宙膨胀的变化.

除了宇宙学红移以外, 还有因天体相对运动产生的**多普勒频移**. 由于天体分布局部的不均匀会引起彼此间的相对运动, 比如说地球绕着太阳公转大概是 30km/s, 太阳绕着银心转是 200km/s 左右, 银河系在更大的星系集团叫室女座星系团中运动的速度大概每秒 330km/s 等等, 根据狭义相对论, 这些速度会产生多普勒频移, 观测到的频移应为这些多普勒频移与宇宙学频移的矢量和. 所以要想求出宇宙膨胀速度, 还要把它们一一扣除. 这些运动在小尺度上非常明显, 甚至可能占优势, 在很远的距离, 宇宙膨胀占优势的时候可以忽略, 所以要求得准确的哈勃常数, 需要利用远得使得宇宙膨胀占优的天体.

遥远天体的谱线频移测量始于 20 世纪初, 1912 年, 美国天文学家斯莱弗 (Slipher) 测量了几十个星云的光谱. 1923 年, 爱丁顿 (Eddington) 它把这些数据收集起来, 可以看出, 绝大多数星云都在远离我们而去, 离得越远的速度越快. 这就是宇宙膨胀最早的观测证据.

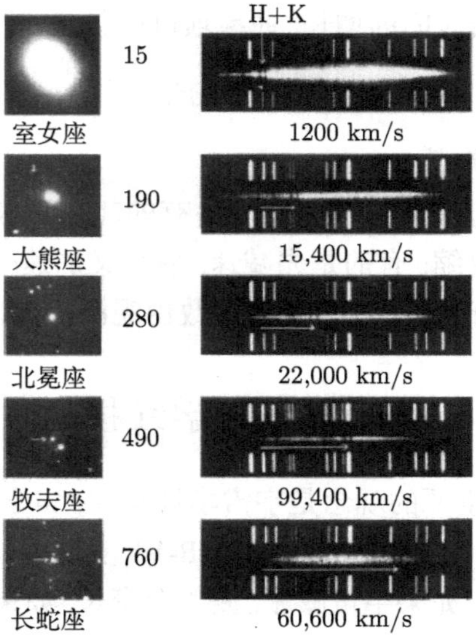

图 1　第一列：星系团中部分星系的图像；第二列：以百万秒差距为单位的距离；第三列：以 km/s 为单位的退行速度 (红移)

表 1　旋涡星云 (星系) 的视向速度 (+ 表示退行，– 表示趋近)*

星云 NGC 编号	赤经		赤纬		视向速度/(km/s)	星云 NGC 编号	赤经		赤纬		视向速度/(km/s)
221	0	38	+40	26	−300	4151*	12	6	+39	51	+980
224*	0	38	+40	50	−300	4214	12	12	+36	46	+300
278†	0	47	+47	7	+650	4258	12	15	+47	45	+500
404	1	5	+35	17	−25	4382†	12	21	+18	38	+500
584†	1	27	−7	17	+1800	4449	12	24	+44	32	+200
598*	1	29	+30	15	−260	4472	12	25	+8	27	+850
936	2	24	−1	31	+1300	4486†	12	27	+12	50	+800
1023	2	35	+38	43	+300	4526	12	30	+8	9	+580
1068*	2	39	−0	21	+1120	4565†	12	32	+26	26	+1100
2683	8	48	+33	43	+400	4594*	12	36	−11	11	+1100
2841†	9	16	+51	19	+600	4649	12	40	+12	0	+1090
3031	9	49	+69	27	−30	4736	12	47	+41	33	+290
3034	9	49	+70	5	+290	4826	12	53	+22	7	+150
3115†	10	1	−7	20	+600	5005	13	7	+37	29	+900
3368	10	42	+12	14	+940	5055	13	12	+42	37	+450
3379*	10	43	+13	0	+780	5194	13	26	+47	36	+270
3489†	10	56	+14	20	+600	5195†	13	27	+47	41	+240
3521	11	2	+0	24	+730	5236†	13	32	−29	27	+500
3623	11	15	+13	32	+800	5866	15	4	+56	4	+650
3627	11	16	+13	26	+650	7331	22	33	+33	23	+500
4111†	12	3	+43	31	+800						

∗引自爱丁顿《相对论的数学理论》(1923).

最早提出河外星系的红移 (退行速度) 同距离成正比公式的是比利时人勒梅特, 他在 1927 年用法文发表了一篇文章, 指出一个质量恒定和半径增加的均匀宇宙是河外星云视向速度的原因. 因为他求得爱因斯坦的广义相对论场方程在 Robertson -Walker 度规下的膨胀解, 然后利用斯莱弗的红移数据, 得出越暗的星系红移越大. 他进一步假定所有星系光度相同 (实际并非如此), 从观测到的视亮度与距离的平方反比律推得星系的距离, 从而发现星系的红移大致同距离成正比, 比例常数为 625 km/s/Mpc. 1929 年, 美国天文学家哈勃根据造父变星法较准确地测量了一批星系的距离, 独立发现了星系红移与距离的线性关系, 从而使宇宙膨胀有了更为可靠的观测基础, 所以后来人们把这个线性关系称为**哈勃定律**, 其部分原因也是勒梅特在 1931 年将他的文章发表成英文的时候删掉了法文原版中的这个公式. 曾经有人怀疑删节者是某位审稿人, 现在查明, 是勒梅特出于谦虚, 觉得后来哈勃的工作更系统更细致, 为了不掠人之美自己删掉的. 人们尊敬勒梅特的严谨学风, 也不会忘记他对发现宇宙膨胀的贡献.

7.7 测量天体距离的阶梯

准确测定天体的距离是天文学的一个永恒的主题, 像哈勃常数这样的宇宙学基本常数的测量在很大程度上取决于距离测定的精度. 最基础也最准确的距离测量方法是**三角视差**, 即以地球绕日轨道的平均半径 (天文单位) 作基线来观测天体的角位移, 在小角近似下, 天体的距离就等于角位移的倒数. 角位移越小, 则距离越远, 1 角秒对应的距离称为 1**秒差距**(pc), 相当于 206265 个天文单位, 或 3.26 光年. 因为地面观测受大气扰动的影响, 星像的位置测量误差较大, 距离就不能测得很远. 但是在空间基于卫星的观测, 精度可以达到毫角秒甚至微角秒, 能测定的天体距离就可达到数千甚至数万光年. 但是即使这样还是超不出银河系, 对更远的天体就要用某些间接的办法, 最常用的办法叫**标准烛光法**, 其原理是在辐射各向同性和欧氏几何假设下, 光源的辐射流量或者视亮度和距离的平方成反比. 如果我们通过观测得到某些光度已知天体 (标准烛光) 的视亮度, 就可以按平方反比律算出其距离来. 最有名的 “标准烛光” 是**造父变星**, 这是一种亮度有着周期性变化的恒星, 变化的周期跟它的光度有很好的线性关系 (称为**周光关系**), 这个原本来自经验的关系, 后来发现也有深刻的恒星演化理论基础. 这种变星在我们附近就有, 我们可以用三角视差的方法定出它的距离, 有了距离结合观测到的视亮度, 就能把周光关系及其零点定出来. 造父变星比太阳约亮 10 万倍, 即使到银河系边缘, 甚至到别的近邻星系 (距离 $d \approx 20$Mpc) 也可以发现, 那样远的距离三角视差法无效了, 但只要找到造父变星, 就能通过周光关系定出.

造父变星周光关系可以用三角视差定标. 能用这种最基础、最简单、最可靠的三角视差方法定标的示距天体称为**一级示距天体**. 但是造变星还是不够亮, 到更远距离 (如超过上亿光年) 就看不到了. 再远就要用更亮的天体, 如 **Ia 型超新星**. Ia 型超新星产生于碳氧**白矮星**吸积质量超过**钱德拉塞卡极限**(约 1.4 倍太阳质量) 而导致的热核爆炸. 它们的峰值光度比造父变星明亮百万倍, 而彼此差异相对较小, 且与其光变曲线的形状密切相关. 经过光变曲线改正和尘埃消光改正之后, 统计弥散在光学波段约 15%, 在近红外约 10%. Ia 型超新星的高光度和低弥散使其成为最理想的远程标准烛光, 测量距离的范围可达 40~5000 Mpc. 但这种标准烛光的光度需要通过造父变星来标定, 故称为**二级示距天体**. 换言之, 在发现有 Ia 型超新星的较近星系中寻找造父变星, 由周光关系定出后者的距离, 因两者同处一个星系可以认为距离相等, 从而由前者的视亮度算出其光度. 这样, 即使更远的星系中已看不到造父变星, 但只要发现了 Ia 型超新星, 亦可从其视亮度推算出距离.

一级和二级示距天体彼此相接, 形成一个距离阶梯达到宇宙平滑膨胀运动 (**哈勃流**) 远超天体局部本动的区域. 哈勃常数的测量误差也相应地沿着这个距离阶梯传导下去. 阶梯连接之间产生的误差通常是系统误差, 必须设法消除, 我们才能比较准确地去接近这些宇宙学常数的值.

7.8　哈勃常数的测量史

哈勃常数最初的测量值在 500 km/s/Mpc 左右, 按其倒数估算的宇宙年龄只有 20 多亿年, 但从考古学知道, 地球年龄已经有 46 亿年, 也就是说宇宙年龄比地球年龄还小! 这个年龄矛盾对大爆炸宇宙学模型构成了严峻的挑战. 20 世纪 50 年代, 美国天文学家巴德发现, 哈勃用来估计距离的造父变星实际上有两类, 分别有不同的周光关系零点. 属于**星族 I** 的一类光度较高 (称经典造父变星), 属于**星族 II** 的一类要暗约 4 倍 (称室女座 W 型星), 但哈勃却误把后者的周光关系用于在仙女座星系中发现的前者上. 于是巴德认识到, 这个星系的距离应该比哈勃估计的远 2 倍, 换句话说, 哈勃常数应降到约 250 km/s/Mpc. 年龄矛盾有所缓解. 到了 70 年代, 哈勃常数的测量值进一步降低, 德沃库勒等主张 100 km/s/Mpc, 桑德奇等则坚持 50 km/s/Mpc, 两个组报道的统计误差都是 10%, 中间没有交集了, 到底哪个正确, 70 年代到 80 年代还是争论得很厉害. 到 90 年代以后, 两者都向着 70 km/s/Mpc 趋近. 对星系 NGC 4258 的**超大质量黑洞**周围的**水脉泽斑**的视向速度和**自行**进行 10 年亚毫角秒射电观测以后, 独立于视差法确定该星系的距离为 7.60 Mpc, 不确定性为 3%. 用相同仪器对 Ia 型超新星的寄主星系和 NGC4258 中的造父变星距离定标后, 哈勃常数的不确定性减小到 5% (Riess, 2009). 2012 年 10 月公布的最新哈勃常数值为 74.3±2.1km/s/Mpc, 不确定性为 3%. 哈勃望远镜的新设备 WFC3 在其工作寿命的最后十年 (2020 年前) 完成的近红外测量, 将使哈勃常数的不确定性减小至 1%.

解决年龄矛盾的途径, 除降低哈勃常数值以外, 如果宇宙学常数 Λ 为一定的正值, 宇宙可能加速膨胀, 从而使宇宙的年龄拉长.

7.9 测量宇宙学常数

测定哈勃常数值用比较近的天体就可以了, 但要测定宇宙学常数, 或发现宇宙膨胀是否加速, 就必须用距离较远或红移较高的天体. 红移与距离的关系会因空间弯曲而发生变化. 高红移下, R-W 度规中同一时刻两点间的径向间隔称为**固有距离**:

$$D_p = \int_0^r \sqrt{g_{rr}}\mathrm{d}r = a(t)\,r, \quad k=0.$$

由**光锥**关系:

$$\mathrm{d}s^2 = 0 \rightarrow c\mathrm{d}t = a(t)\mathrm{d}r,$$

积分得

$$0 - r = \int_{t(z)}^{t_0} \frac{c\mathrm{d}t}{a(t)},$$

于是有

$$D_{p,0} = r = \int_0^z \frac{c\mathrm{d}z}{H(z)},$$

其中

$$H(z) = H_0[\Omega_{m,0}(1+z)^3 + \Omega_{r,0}(1+z)^4 + \Omega_{\Lambda,0} + \Omega_{\mathrm{curv},0}(1+z)^2]^{1/2}.$$

按欧氏空间中光度与视亮度的关系可以定义**光度距离** D_L,

$$f = \frac{L}{4\pi D_L^2},$$

其中

$$D_L = D_P(1+z).$$

定义**距离模数**:

$$\mu = m - M = 5\lg\left(\frac{d_L}{10}\right) = 5\lg[d_p(1+z)] - 5,$$

式中, m 为**视星等**, M 为**绝对星等**.

对于标准烛光天体, 因光度 (即绝对星等 M) 相同, 其视星等同红移的关系 (**哈勃图**) 取决于各个密度参数的值. 不同参数值的宇宙模型只有在高红移情况下才表现出较明显的差异. Ia 型超新星正是符合这种要求的标准烛光. 这类超新星的特点是光谱中没有氢线, 但在 6000 埃有强硅线. 出现于各型星系, 平均每星系每世纪一次, 样本超 200. 峰值绝对星等 −19 到 −20(比造父变星亮百万倍), 红移记录达 z=1.6. 峰值光度经修正后弥散小, 没有演化效应, 是优质标准烛光. 1998 年, 两个独立的超新星巡天项目差不多同时发表了他们的结果. 一个是超新星宇宙学项目 (SCP), 一个是高红移超新星搜寻 (HZSS). 图 2 表明 Ω_M=0.3 和 Ω_Λ=0.7 这两个参数组合的理论预言与观测相符.

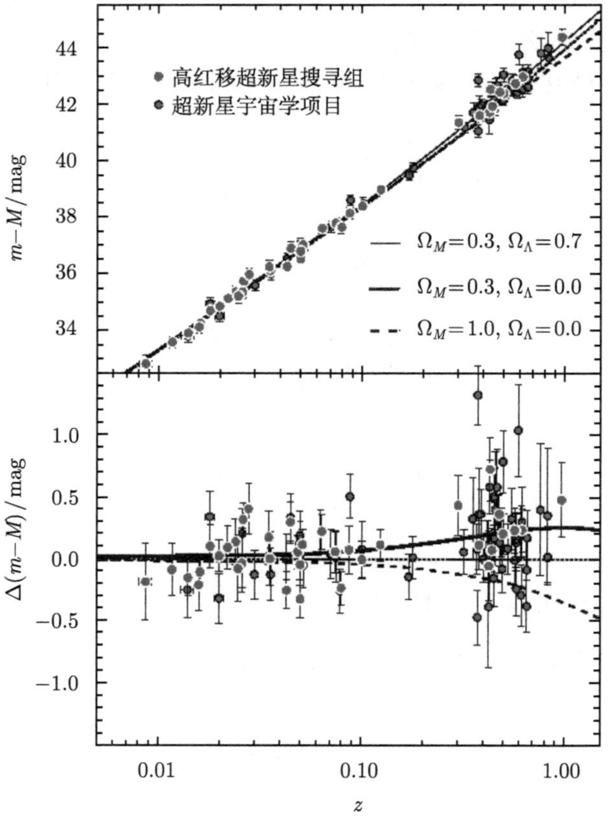

图 2 两个超新星计划的哈勃图

随后的工作加强了这些初步结果, 并将参数的估计改进为 Ω_M=0.3 和 Ω_Λ=0.7 (Knop et al.,2003). Riess 等 (2007) 用 HST 证认高红移超新星, 结合中低红移大样本 (182 颗) 进行分析, 发现在 $z \approx 0.5$ 以后宇宙膨胀加速, 以前为减速, 与 Λ 具有非零正值非常一致.

超新星巡天证实了宇宙加速膨胀, 在物理上意味着可能存在着一种具有负压强 (斥力) 的暗能量. 由于这一发现的重要意义, 2011 年的诺贝尔物理学奖授予了美国科学家 Saul Perlmutter, Adam Riess 和澳大利亚科学家 Brian Schmidt.

严格说来, 高红移超新星的哈勃图对宇宙密度参数的约束只是在 $\Omega_M - \Omega_\Lambda$ 这一方向, 而微波背景辐射则给出的约束正好差不多正交的一个方向 $(\Omega_M + \Omega_\Lambda)$.

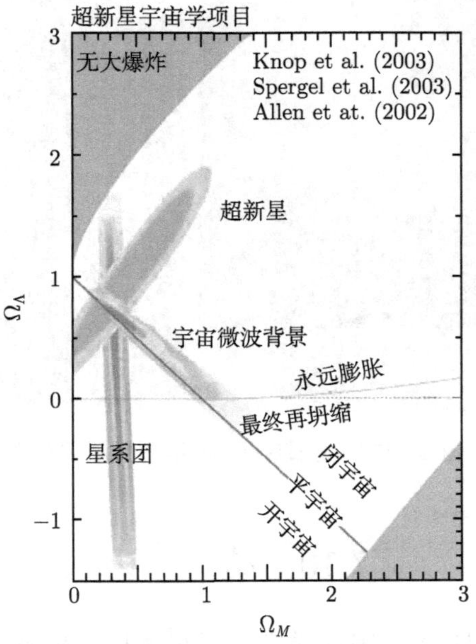

图 3 超新星宇宙学项目的密度参数图

由微波背景辐射**功率谱**第一个峰的位置 ($l \approx 200$) 可知 $\Omega_M + \Omega_\Lambda \approx 1$, 即曲率对密度的贡献为零, 宇宙是平直的. 这两个约束结合起来决定了 $\Omega_M \approx 0.3$, $\Omega_\Lambda \approx 0.7$.

2013 年 3 月, 欧空局发布了于 2009 年发射的普朗克卫星观测微波背景辐射的首批结果, 得到的宇宙学参数值是: **暗物质**占 26.8%, **重子物质**占 4.9%, **暗能量**占 68.3%. 目前观测精度也只是到 5%左右, 以后十年的目标是到 1%.

中国的天文学有辉煌的历史, 保有世界罕见的天象记录, 以从中发现**中子星**闻名的 1054 年超新星就见诸我国史籍.

明代以后, 中国天文学落后于世界, 一直到 20 世纪 30 年代, 中国现代天文学才开始起步. 90 年代, 北京天文台对国内自制的 60 厘米反射望远镜进行技术改造, 提出优化的巡天软件, 发现了一批较近的超新星, 受到国际瞩目. 期间培养的优秀人才, 后来对国际重大超新星巡天项目也做出了重要贡献. 近年来, 中国天文学家除继续用一批中小望远镜进行超新星巡天观测外, 还在超新星前身星研究、新型标准烛光探索方面做出很好的工作. 一批至关重要的大型项目, 如南极天文台计划、中国空间站计划、国际合作 30 米望远镜计划等正在推进中.

图 4　中国史书对 1054 年超新星的记载

7.10　结　　语

总之, 近一个世纪以来, 宇宙学取得了很重要的成就, 建立了一个能与广泛的观测事实相容的宇宙学标准模型, 其中一些基本常数的精确性有了量级的提高. 发现有众多可靠的天文观测证据表明, 宇宙中存在 90% 以上的暗物质和暗能量. 暗物质不可能都是普通的重子, 在目前粒子物理学标准模型中尚无它的地位, 甚至是 “冷” 是 “热” 还不得而知. 暗能量是恒定的真空能 (宇宙学常数), 还是起源于某种变化的 “精质”“精灵”‘或 “全息” 场? 其物态方程参数 w 如何?

这些 “世纪问题” 对全世界物理学家、天文学家、数学家提出了重大挑战, 期待着我们联合起来寻求新的突破.

参 考 文 献

本报告内容是熟知的, 主要参考文献有

[1] Steven Weinberg. 宇宙学. 向守平译. 合肥: 中国科学技术大学出版社, 2013.
[2] Livio M and Riess A. 测量哈勃常数. 邹振隆, 秦波编译. 物理, 2013, 10: 733-734.
[3] 吴潮, 张天萌, 王晓峰, 裘予雷. 超新星宇宙学的观测与研究进展. 天文学进展, 2013, 31(1): 37-55.

8 等参函数和怪球面

唐梓洲报告, 钱超整理

8.1 引　言

首先非常感谢南华院士的邀请, 也谢谢主持人冯琦教授的介绍. 中国科学院数学与系统科学研究院是我的母校, 我在 1984 年进系统所跟随李邦河院士读研究生, 学习拓扑, 后跟随彭家贵教授学习几何; 1989 年进数学所做博士后. 今天有幸跟大家谈谈怪球面上的等参函数, 这些内容体现了几何与拓扑的深刻联系.

等参超曲面的研究起源于几何光学, 而法国大数学家 E. Cartan 在 20 世纪 30 年代做了系统的研究. 杨振宁先生评价世界几何学发展史上的五位大师是欧高黎嘉陈, 这个嘉就是 E. Cartan. 在 E. Cartan 的工作的基础上, 很多几何学家和拓扑学家都在这方面做出了贡献. 近十年来, 这个方向变得非常活跃, 有许多突破性进展. 特别值得一提的是, 对于单位球面中的等参超曲面, 除了一种情形外, 得到了分类结果. 这个方向与很多基础研究领域密切相联, 具有广阔的前景.

另一方面, 1956 年, J. Milnor 在 25 岁的时候发现了怪球面, 这 7 页纸的论文, 对微分拓扑学是划时代的贡献. 从此, 关于怪球面的几何与拓扑的研究得到了广泛的关注. 我们在对等参理论深入研究的背景下, 首次提出研究怪球面中的等参函数 (等参超曲面). 这些研究的主要目的是利用等参函数 (等参超曲面) 去理解怪异的微分结构. 基于对标准球面中等参超曲面理论的深刻理解, 关于怪球面中等参函数 (等参超曲面) 的结果将会体现出怪异微分结构对于几何结构的影响.

本报告的内容分为四部分. 第一部分介绍等参函数的概念和主要结果; 在第二部分中, 我们回忆怪球面的相关内容; 第三部分讨论怪球面上等参函数的存在性和不存在性问题; 最后我们将综述等参函数的一些应用和相关的研究方向.

8.2 等参函数的介绍

1918 年, 意大利数学物理学家 E. Laura 在研究几何光学的过程中提出如下的问题. 设 $\Phi := \Phi(x, y, z, t) : \mathbb{R}^3 \times \mathbb{R} \to \mathbb{R}$ 是光滑函数, 并且满足如下条件:

(a) $\Phi_{tt} = \Delta\Phi := \Phi_{xx} + \Phi_{yy} + \Phi_{zz}$, 即 Φ 满足波动方程;

(b) 对任意的常数 c, 即固定的相位, $M_t := \Phi^{-1}(c) \cap (\mathbb{R}^3 \times \{t\})$(波前) 是 $\mathbb{R}^3$ 中一族关于时间 t 平行的曲面.

可以想象, 这样得到的曲面 M_t 一定具有很强的几何限制. Laura 提出是否能够完全确定这些曲面 M_t 的形状, 即在几何上完全分类这些曲面. 在图 1 中我们可以看到三种非常简单的例子, 分别为一族平行的平面、柱面和球面. 紧接着, C. Somigliana 首先证明了 M_t 是 $\mathbb{R}^3$ 中具有常平均曲率的曲面. 在此基础上, 更进一步证明了 M_t 一定是平面、柱面或球面, 即之前提到的三种例子. 1924 年, B. Serge 又重新独立地发现了 Somigliana 的结果.

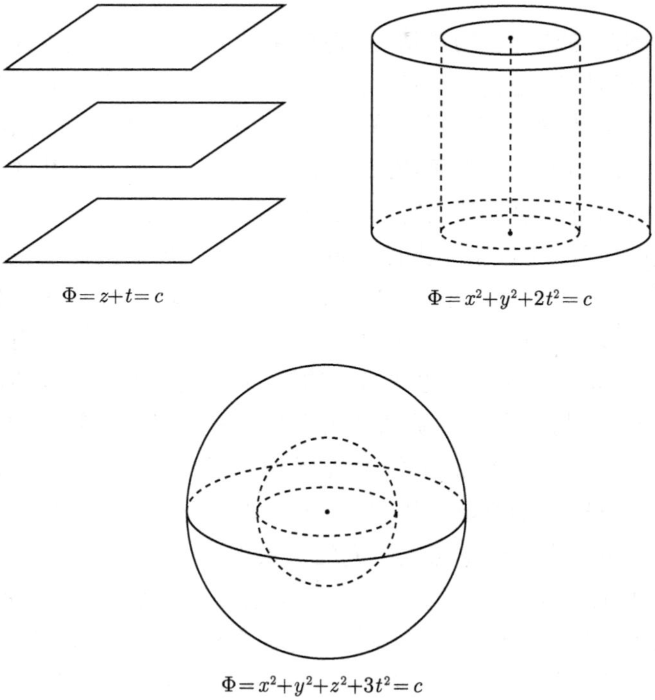

图 1

第一个明确地提出等参函数 (等参超曲面) 定义的数学家是 Levi-Civita, 他就是著名的 Levi-Civita 联络的奠基人, 在 1937 年他引入了如下的定义.

定义 2.1 (等参函数)　设 f 是 $\mathbb{R}^3$ 上的光滑函数. 如果存在 $\mathbb{R}$ 上的两个光滑函数 a, b 使得

$$\begin{cases} |\nabla f|^2 = b(f), \\ \Delta f = a(f), \end{cases}$$

我们就称 f 是**等参函数**(isoparametric function), 其中 ∇f 和 Δf 分别是 f 的欧氏梯度和 Laplacian. 等参函数 f 的所有正则水平曲面 $M_t = f^{-1}(t)$ 的全体称为 $\mathbb{R}^3$ 中的一个等参族, 其中每一个曲面都称为**等参超曲面**(isoparametric hypersurface).

在这样的定义下, Levi-Civita 证明了 $\mathbb{R}^3$ 中的等参超曲面 M_t 都具有常主曲率, 而且一定是平面、柱面或球面.

注记 2.1 (i) 设 f 是 $\mathbb{R}^3$ 上的光滑函数, 并且限制在每一个波前 M_t 上都是常数. 则可以证明, 方程(1)意味着波前 M_t 都是互相平行的, 而方程(2)能推出波前 M_t 是 $\mathbb{R}^3$ 中具有常平均曲率的曲面. 由此看出, Levi-Civita的结果完全包含了之前 Somigliana 的结果.

(ii) 很明显, 等参函数和等参族的定义可以推广到一般的黎曼流形上.

紧接着在 1938 年, B. Segre 研究了 $\mathbb{R}^{n+1}$ 中的等参超曲面, 证明了此时的等参超曲面一定是球面 $\mathbb{S}^n(r)$、平面 $\mathbb{R}^n$ 或 柱面 $\mathbb{S}^k(r)\times\mathbb{R}^{n-k}$.

现在我们要来介绍 E. Cartan 在等参理论方面的奠基性贡献[1]. 自 1938 年, Cartan 开始系统地研究具有常曲率 c 的实空间形式 $N^{n+1}(c)(c=0,1,-1$ 分别对应 $\mathbb{R}^{n+1}$, $\mathbb{S}^{n+1}$ 或 $\mathbb{H}^{n+1})$ 中的等参超曲面. 首先他给出了实空间形式中等参超曲面几何上的等价刻画. 事实上, 他证明了一个超曲面 M 是 $N^{n+1}(c)$ 中的等参超曲面当且仅当 M 在 $N^{n+1}(c)$ 中具有常主曲率, 同时也等价于在 $N^{n+1}(c)$ 中, M 附近的所有平行超曲面都具有常平均曲率. 可以看出, 这样的几何刻画对于进一步研究等参超曲面的几何提供很大的便利. 基于这些等价刻画, Cartan 发现了所谓的 Cartan 恒等式. 设 M 是 $N^{n+1}(c)$ 中的等参超曲面, 而 $\lambda_1>\lambda_2>\cdots>\lambda_g$ 是不同的主曲率, $m_1,m_2,\cdots,m_g$ 是相应的重数. 在这些记号下, Cartan 恒等式可表述为

$$\sum_{\lambda_i\neq\lambda_j} m_i\frac{c+\lambda_j\lambda_i}{\lambda_j-\lambda_i}=0,\quad \forall j=1,\cdots,g.$$

由此恒等式立刻可以推出, 当 $c\leqslant 0$ 时, $g\leqslant 2$, 即 $\mathbb{R}^{n+1}$ 和 $\mathbb{H}^{n+1}$ 中等参超曲面的不同主曲率的个数一定小于等于 2. 进而不但可以很容易得到 B. Segre 的分类结果, 同时对于 $\mathbb{H}^{n+1}$ 中的情形也可得到分类结果, 即此时的等参超曲面一定是全脐的 (即主曲率全相等) 或者是标准的乘积 $\mathbb{S}^k(r)\times\mathbb{H}^{n-k}$.

在 1939—1940 年, Cartan 进一步考虑了 $c=1$ 的情形, 即单位球面中的等参超曲面. 对于单位球面中的等参超曲面, Cartan 恒等式对于不同主曲率的个数 g 没有限制. 这也反映了此时的情形可能会更复杂, 内容会更丰富. 对于此时的分类问题, Cartan 给出了很多独创的想法, 为后人的进一步研究指明了道路. 他得到的如下定理, 把等参超曲面的研究与满足一定方程的代数齐次多项式的研究联系起来.

定理 2.1 (E. Cartan)　设 M^n 是单位球面 $\mathbb{S}^{n+1}$ 中具有 g 个不同主曲率且重数都是 m 的闭的等参超曲面. 则一定存在 $\mathbb{R}^{n+2}$ 上的 g 次齐次多项式 F 满足

$$\begin{aligned}|\nabla F|^2 &= g^2(x_0^2 + x_1^2 + \cdots + x_{n+1}^2)^{g-1},\\ \Delta F &= 0,\end{aligned}$$

其中 ∇ 和 Δ 分别是 $\mathbb{R}^{n+2}$ 上的梯度和Laplace算子, 而等参超曲面 M^n 是函数 $f = F|_{S^{n+1}}$ 的正则水平集, 即某个正则值的逆像. 进一步, f 的奇异值的逆像也是光滑的子流形, 称为焦流形(focal submanifold).

之后我们会看到这个定理的想法在等参超曲面分类问题中起着举足轻重的作用, 使得很多代数方法甚至代数几何的工具能够在这个舞台上驰骋. Cartan 利用这个定理首先得到了 $g \leqslant 3$ 的等参超曲面的分类结果:

- $g = 1$, 测地球;
- $g = 2$, 两个球面的乘积;
- $g = 3$, $m_1 = m_2 = m_3 = 1, 2, 4$, 或 8, 分别对应着实数、复数、四元数和凯莱数. 对应着 $\mathbb{F} = \mathbb{R}, \mathbb{C}, \mathbb{H}, Ca$, 等参超曲面一定是投影平面 $\mathbb{F}P^2$ 分别在 $\mathbb{S}^4, \mathbb{S}^7, \mathbb{S}^{13}, \mathbb{S}^{25}$ 中标准的 Veronese 嵌入的管道.

对于 $g = 4$ 的情形, 他发现了重数分别为 (1,1,1,1) 和 (2,2,2,2) 的两个齐性例子. 上述所有例子的不同主曲率的个数 g 可以取到 1, 2, 3, 4; 对于 $g \geqslant 3$ 的情况, Cartan 所知道的例子中不同主曲率的重数都相等, 而且所有已知的例子都是齐性的, 即具有可迁的等距群作用. 针对已有的结果, 他提出以下三个问题:

问题 2.2 (E. Cartan)　对于单位球面中的等参超曲面,

(1) 不同主曲率的个数 g 可能的取值有哪些?

(2) 是否存在不同主曲率个数 $g \geqslant 3$, 且不同主曲率的重数不全相等的等参超曲面?

(3) 一定都是齐性的吗?

Cartan 的这些工作是非常漂亮和深刻的, 但是奇怪的是, 被人们忽略了 30 多年. 可见, 有的时候, 一些好的成果短期内没有得到认可和引用的情况是会发生的, 并且也不是什么坏事.

20 世纪 70 年代, 日本数学家 K. Nomizu[2] 开始认识到 Cartan 的结果的重要性. 他推广了 Cartan 构造的 4 个不同主曲率的等参超曲面的例子, 构造出具有 4 个不同主曲率并且重数不全相等的例子, 从而回答了 Cartan 的问题 2. 同时, 他还得到了 Cartan 恒等式的几何理解, 即 Cartan 恒等式等价于焦流形是单位球面中的极小子流形.

与此同时, Takagi 和 Takahashi[3] 利用 Hsiang 和 Lawson 关于单位球面中齐

性超曲面的分类结果, 完全分类了单位球面中齐性等参超曲面, 即齐性等参超曲面一定是某个秩为 2 的对称空间迷向表示的主轨道. 特别地, 他们计算了这些例子的主曲率, 进而得到了不同主曲率个数和相应重数的分类表. 在他们的表中, 存在不同主曲率个数为 1, 2, 3, 4, 6 的例子. 对于 $g=4$ 的情形, 存在主曲率重数不完全相等的例子, 从而也回答了 Cartan 的问题 2.

下一个要提到的是德国数学家 H. F. Münzner[4]. 他在 70 年代 (文章发表于 1980—1981 年), 沿着 Cartan 的想法, 在等参理论方面取得了突破性进展, 极大地推进了 Cartan 的成果. 主要成果总结如下:

定理 2.3 (Münzner) 设 M^n 是单位球面 $\mathbb{S}^{n+1}$ 中的闭的等参超曲面, 不同的主曲率为 $\cot\theta_i$, $0<\theta_1<\cdots<\theta_g<\pi$, 重数为 m_i. 则有

(1) $\theta_k=\theta_1+\dfrac{k-1}{g}\pi$;

(2) $m_k=m_{k+2}$(下标 $\mathrm{mod}\, g$);

(3) 一定存在 $\mathbb{R}^{n+2}$ 上的 g 次齐次多项式 F, 满足所谓的 Cartan-Münzner 方程:

$$\begin{aligned}|\nabla F|^2&=g^2|x|^{2g-2},\\ \Delta F&=\frac{g^2}{2}(m_2-m_1)|x|^{g-2},\end{aligned}$$

而且 M 是函数 $f=F|_{S^{n+1}}$ 的某个正则水平集;

(4) $g=1,\ 2,\ 3,\ 4,\ 6$.

由上述定理中 (2) 可知, 不同主曲率的重数最多有两个数, 记为 $(m_1,\ m_2)$. 而上述定理中 (3) 是 Cartan 之前结果的推广, Cartan 只考虑所有主曲率重数全部相同的情形. 最值得称道的是, Münzner 利用拓扑的方法证明了 $g=1,\ 2,\ 3,\ 4,\ 6$. 关于这个结果有两个问题值得进一步考虑: 第一, 确定不同主曲率的个数是一个几何问题, 能不能不用拓扑学而直接用几何的方法证明. 很多几何学家对这个问题很感兴趣, 目前还没有发现纯几何证明. 第二, 直接考虑满足 Cartan-Münzner 方程的齐次多项式, 从代数的观点证明. 换句话说, 从 Cartan-Münzner 方程有解可否推出对 g 的限制. 这是一个有趣的代数问题. 不知南华院士是否有办法.

1975—1976 年, 在 Münzner 工作的基础上, Ozeki 和 Takeuchi[5] 完全从代数的观点出发考虑满足 Cartan-Münzner 方程的齐次多项式. 他们主要考虑 $g=4$ 情形, 发展了一套多项式展开的方法, 并且利用这些办法构造出两组具有 4 个不同主曲率的非齐性等参超曲面的例子. 之后, 在 1981 年, Ferus, Karcher 和 Münzner[6] 利用 Clifford 代数的表示理论, 构造出更加丰富的例子, 而且包含了之前 Ozeki 和 Takeuchi 所构造的例子. 鉴于此, 我们称这些例子为 OT-FKM 型.

关于等参理论的拓扑方面, U. Abresch[7] 在 1983 年进一步推进了 Münzner 的结果, 通过更加精细的拓扑计算, 得到了重数 (m_1, m_2) 的很多限制. 特别地, 对于 $g = 6$, 证明了 $m_1 = m_2 \in \{1, 2\}$. 之后, 经过很多数学家的努力, 如 Grove-Halperin[8], 唐梓洲[9], 方复全[10] 和 S. Stolz[11], 完全确定了对重数的限制, 即单位球面中的等参超曲面 (甚至 Dupin 超曲面) 的主曲率的重数一定是与 OT-FKM 型例子或齐性例子相同的.

我本人在 1988 年跟随彭家贵教授读博士的时候, 他说我跟李邦河老师学了那么多拓扑 K- 理论, 应当试试等参, 因为这里面必定有很多拓扑结构, 会有用武之地. 彭老师深邃的眼光, 我一直非常佩服, 让我至今受益. 他多次给我讲, 陈省身先生做大范围微分几何的时候, 就是先开拓扑讨论班.

近十年来等参理论蓬勃发展, 已经成为国际上热点研究方向. 对于 $g = 4$ 的情形, Cecil-Chi-Jenson[12], Immervoll[13] 和 Chi[14] 的一系列分类结果表明：除了 $(m_1, m_2) = (7, 8)$ 的情形 (现在还未分类), 单位球面 $\mathbb{S}^{n+1}$ 中 $g = 4$ 的等参超曲面或者是 OT-FKM 型的, 或者是 $(m_1, m_2) = (2, 2), (4, 5)$ 且是齐性的. 对于 $g = 6$ 的情形, Dorfmeister-Neher[15] 证明了 $g = 6$, $m_1 = m_2 = 1$ 时, 等参超曲面一定是齐性的. 最近, R. Miyaoka[16] 证明了 $g = 6$, $m_1 = m_2 = 2$ 时也一定是齐性的. 至此, 对于 $g = 6$ 的情形得到了完全的分类结果.

上述对于单位球面中等参超曲面的研究过程, 充分体现了数学的统一性和不同分支之间的相互影响. 等参超曲面的研究本身是一个几何问题, 但需要利用拓扑的办法去确定不同主曲率的个数. 然后又可转化成代数多项式的问题, 进而用到代数几何和同调代数的工具去研究分类问题.

现在我们介绍一般黎曼流形的等参理论, 这方面的基础性工作是咱们数学所著名数学家王启明[17] 最早开始的 (可惜他英年早逝), 他的结果很具有前瞻性.

定义 2.2 (等参函数) *设 f 是定义在黎曼流形 N 上的一个非常值光滑函数, 如果存在一个光滑函数 $b: \mathbb{R} \to \mathbb{R}$ 使得*

$$|\nabla f|^2 = b(f),$$

其中 ∇f 代表 f 的梯度, 则称 f 是超常 (transnormal) *函数. 更进一步, 如果还存在一个连续函数 $a: \mathbb{R} \to \mathbb{R}$ 使得*

$$\Delta f = a(f),$$

其中 Δf 代表 f 的 Laplacian, *则称 f 是等参函数.*

上述定义中的方程有着显而易见的几何意义, 其中第一个方程表明正则水平超曲面 $M_t := f^{-1}(t)$ 是相互平行的; 在此基础上, 第二个方程表明任何一个正则

水平超曲面 M_t 都有常平均曲率. 今后, 我们把黎曼流形 N 上等参函数的正则水平超曲面称为等参超曲面. 另外, 等参函数 (或超常函数)f 的最大值 (或最小值) 的逆像叫做 f 的焦点集(简称焦集), 若非空, 就记作 M_+(或 M_-).

下面给出两种构造等参函数的方法:

(1) **余齐性 1 作用:** 在具有 G-不变度量的 $(M,\ G)$ 余齐性 1 流形 (主轨道是余维为 1 的子流形) 中, 任何主轨道都是等参超曲面;

(2) **黎曼淹没:** 设 $\pi : E \to B$ 是黎曼淹没 (Riemannian submersion), 并且纤维是极小的. 给定底空间 B 上的等参函数 f, 则 $F := f \circ \pi$ 是 E 上的等参函数.

对于单位球面和欧式空间中的等参超曲面, 王启明给出了如下漂亮的结果 (但并未给出证明):

定理 2.4 [17] $\mathbb{S}^{n+1}$ 或 $\mathbb{R}^{n+1}$ 上的超常函数 f 的正则水平超曲面一定是等参的.

注记 2.2 (1) 在上述定理中, 超常函数 f 定义中的函数 b 的光滑性是本质的.

(2) 定理对 $\mathbb{H}^{n+1}$ 的情形确实不成立.

在一般的黎曼流形上, 王启明得到了以下的结构性定理:

定理 2.5 [17] 设 $f : N \to \mathbb{R}$ 是一个超常函数, 记 $\mathrm{Im}\ f = [\alpha, \beta]$. 则

(1) f 在开区间 (α, β) 内没有奇异值;

(2) 焦点集 $M_+ := f^{-1}(\beta)$ 和 $M_- := f^{-1}(\alpha)$ 是光滑子流形;

(3) 每一个正则水平集 $M_t = f^{-1}(t) \subset N$ 一定是任何一个焦点集上的管道.

注记 2.3 根据文献 [17], 超常函数一定是Morse-Bott 函数.

其中 Morse-Bott 函数是 Morse 函数的推广. Morse-Bott 函数的临界点可以是光滑的子流形, 并且满足相应的非退化条件. 超常函数属于黎曼几何范畴, 依赖于黎曼度量的选取. 而 Morse-Bott 函数完全属于微分拓扑的范畴, 并不依赖黎曼度量. 所以, 我们会问如下问题:

问题 2.6 给定微分流形 N 和它上的一个 Morse-Bott 函数 f, 可否在 N 上构造适当的黎曼度量使得 f 是超常函数 (甚至是等参函数)?

为了回答上述问题, 文献 [18] 发展了在流形上构造度量和超常函数的方法, 得到了如下的结果:

定理 2.7 [18] 设 f 是闭流形 N 上的 Morse-Bott 函数, 并且临界点集 $C(f) = M_+ \sqcup M_-$, 其中 M_+ 和 M_- 都是余维大于 1 的光滑闭子流形. 则存在 N 上的黎曼度量使得 f 是超常函数.

注记 2.4 上述定理中构造黎曼度量的方法是受 A. Weinstein 构造启发而得到的 (参考: Besse. Manifolds all of whose geodesics are closed, pp.231-233).

更进一步, 文献 [18] 中证明了更强的结果.

定理 2.8 [18] 设 f 是闭流形 N 上的 Morse-Bott 函数, 并且临界点集 $C(f)=M_+\sqcup M_-$, 其中 M_+ 和 M_- 都是余维大于 1 的光滑闭子流形. 则存在 N 上的黎曼度量使得 f 是等参函数.

证明梗概 在定理 2.7 的基础上, 需要用到一种特殊的共形形变技巧和 Moser 定理, 详细证明参考文献 [18].

Moser 定理是微分流形上关于体积元的唯一性定理, 它本身也是非常有趣的, 因此我们在这里回忆一下.

引理 2.1 (J. Moser 定理的局部版本) 设 $Q^n=(0,1)^n$ 和 $\bar{Q}^n=[0,1]^n$ 分别是开的和闭的单位立方体. 再设 f 和 g 是 $\bar{Q}^n$ 上的两个光滑的正函数, 使得在 $\partial\bar{Q}^n$ 附近有 $f=g$, 并且 $\displaystyle\int_{Q^n}(f-g)\mathrm{d}x=0$. 则存在微分同胚 $\psi:Q^n\to Q^n$ 满足:

(1) 在 Q^n 上, $g\circ\psi\ \det\nabla\psi=f$;

(2) 在 $\partial\bar{Q}^n$ 附近, $\psi=\mathrm{id}$;

(3) ψ 同痕于 id.

引理 2.2 (J. Moser 定理的整体版本) 令 τ 和 σ 分别是紧致连通的微分流形 M 的两个体积元, 而且

$$\int_M\tau=\int_M\sigma,$$

则存在微分同胚 $\psi:M\to M$ 满足:

(1) ψ 同痕于 $\mathrm{id}:M\to M$;

(2) $\psi^*\tau=\sigma$.

注记 2.5 (1) 特别应该注意的是, 在 J. Moser 的文章 [19] 中, 引理 2 的证明是不对的. 很多年后, B. Dacorogna 和 Moser 在文献 [20] 中改正了之前的证明. 这是伟平院士告诉我的.

(2) E. Calabi 指出 Moser 定理的整体版本对不可定向流形也是成立的, 但此时需要引入“奇”形式的概念.

8.3 怪球面的介绍

在本节中, 我们会简单地回顾一下怪球面的相关内容, 主要是微分拓扑方面的知识.

定义 3.1 一个 n 维的光滑流形 Σ^n 被称为 n 维**怪球面**(怪 n-球面), 如果 Σ^n 同胚于 $\mathbb{S}^n$, 但不微分同胚于 $\mathbb{S}^n$.

在 1956 年, 大数学家 J. Milnor 首次发现了 7 维的怪球面, 并且它是 $\mathbb{S}^4$ 上的 $\mathbb{S}^3$-丛[21].

事实上, 对于球面上的球面丛, 根据特征映射的理论, 存在如下的一一对应:

$$\begin{array}{ccc} \mathbb{S}^3 & \hookrightarrow & \Sigma^7 \\ & & \downarrow \quad \leftrightarrow \quad (m,n) \in \pi_3 SO(4) \cong \mathbb{Z} \oplus \mathbb{Z}, \\ & & \mathbb{S}^4 \end{array}$$

对于一对整数 (m,n), 记相应的全空间为 $\Sigma^7_{m,n}$.

定理 3.1[21] (1) $\Sigma^7_{m,n}$ 同胚于 S^7 当且仅当 $m+n=1$;

(2) 若 $(m-n)^2 \neq 1 \bmod 7$, 则 $\Sigma^7_{m,n}$ 不微分同胚于 S^7.

例 3.1 若 $m=2$, $n=-1$, 则 $\Sigma^7_{2,-1}$ 是怪球面, 即所谓的 Gromoll-Meyer 怪球面.

注记 3.1 在不考虑定向的意义下, 共有 14 个 7 维怪球面, 其中 10 个可以表示成 $\mathbb{S}^4$ 上的 $\mathbb{S}^3$-丛, 即所谓的 Milnor 球面[22].

下面我们经常会提到同伦球面的概念. 一个 n 维**同伦球面**(同伦 n-球面) 是指与 $\mathbb{S}^n$ 具有相同伦型的闭的微分流形.

注记 3.2 (1) 1961 年, S. Smale 证明了对任意 $n \geqslant 5$, 一个 n 维同伦球面一定同胚于 $\mathbb{S}^n$.

(2) 1982 年, M. H. Freedman 证明了 4 维同伦球面一定同胚于 $\mathbb{S}^4$.

(3) 2003 年, G. Perelman 证明了 3 维同伦球面一定同胚 (微分同胚) 于 $\mathbb{S}^3$.

由此注记可见, n 维怪球面就是不微分同胚于 $\mathbb{S}^n$ 的同伦球面.

在 1963 年, M. Kervaire 和 J. Milnor[23] 系统地研究了同伦球面的集合. 设 Θ_n 是所有定向 n 维同伦球面的 h-配边等价类构成的集合. 首先, 当 $n>4$ 时, 两个 n 维同伦球面是 h-配边等价当且仅当它们是微分同胚的. 此时, Θ_n 也是所有定向 n 维同伦球面的定向微分同胚的等价类构成的集合. 在连通和的运算下, Θ_n 构成加法群. Kervaire 和 Milnor 定义了 Θ_n 中的一个子群, 即 bP_{n+1}. 作为定义, $\Sigma^n \in bP^{n+1}$ 当且仅当 Σ^n 是一个可平行化流形的边界. 他们证明了当 n 是偶数时, $bP_{n+1}=0$; 而当 n 是奇数时, bP_{n+1} 是有限循环群. 例如, $\Theta_7 = bP_8 = \mathbb{Z}_{28}$, 而 $bP_{4m+2} = \mathbb{Z}_2$ 或 0.

下面我们回顾一些构造怪球面的办法. 给定一个微分同胚 $\phi : \partial D^n = \mathbb{S}^{n-1} \to \partial D^n = \mathbb{S}^{n-1}$, 我们可以构造出一个微分流形 $\Sigma^n(\phi) := D^n \bigsqcup_\phi D^n$, 称为 扭 (twist) 球面. 感兴趣的读者可以去证明 $\Sigma^n(\phi)$ 一定同胚于 $\mathbb{S}^n$. 当 $n=4$ 时, J. Cerf 证明了 $\Sigma^4(\phi)$ 一定微分同胚于 $\mathbb{S}^4$. 但是, 对于 $n \geqslant 5$ 的情形, 根据 S. Smale 的结果, 我们知道对任何 n 维怪球面都存在相应的 ϕ, 使得此怪球面可表示成扭球面 $\Sigma^n(\phi)$.

还有一种非常有趣的构造怪球面的办法. 1966 年, E. Brieskorn[24] 可以将子群 bP_{2n} 的所有元素通过如下的代数集实现:

$$K(d_0,\ d_1,\cdots,\ d_n):=\{(z_0,\ z_1,\cdots,\ z_n)\in\mathbb{S}^{2n+1}\subset\mathbb{C}^{n+1}\ |z_0^{d_0}+z_1^{d_1}+\cdots+z_n^{d_n}=0\},$$

即所谓的 Brieskorn 簇. 作为例子, 对任何 Kervaire 球面都可找到适当的整数, 使得它可以由以下代数集实现:

$$\Sigma^{4m+1}=K(d,2,\cdots,2),$$

而且由此我们可以发现在 Kervaire 球面上, 存在群 $SO(2)\times SO(2m+1)$ 的余齐性 1 作用:

$$(\mathrm{e}^{\mathrm{i}\theta},A)(z_0,z_1,\cdots,z_{2m+1})=(\mathrm{e}^{2\mathrm{i}\theta}z_0,\mathrm{e}^{\mathrm{i}d\theta}(z_1,\cdots,z_{2m+1})A).$$

关于怪球面拓扑和几何的研究是非常有趣和困难的, 目前已经在很多方面取得了进展. 在拓扑方面, 目前最重要的猜想就是 **4 维光滑 Poincaré 猜想**(即 $\mathbb{S}^4$ 是否有怪异的微分结构). 在几何方面, 对比单位球面的性质, 也有很多有意义的问题值得进一步研究. 由于单位球面是 Einstein 的, 我们自然会问怪球面上是否存在 Einstein 度量. 若存在, 进一步可以研究模空间. 这方面的进展可参考文献 [25]. 另外, 由于单位球面的截面曲率是常数 1, 我们可以去想怪球面上的情形. 最早, 在 1974 年, Gromoll 和 Meyer 在一个特定的 7 维怪球面上构造出了具有非负截面曲率的度量. 这个怪球面也因此称为 Gromoll-Meyer 怪球面[26]. 之后, 在 2000 年, Grove 和 Ziller 在所有 7 维 Milnor 球面上都构造出了非负曲率度量[27]. 目前, 人们还不清楚是否存在允许正曲率黎曼度量的怪球面. 在 2008 年, P. Peterson 和 F. Wilhelm(arXiv:0805.0812v3) 宣布他们可以在 Gromoll-Meyer 怪球面上构造正曲率度量, 但他们的工作至今还未得到专家的认可. 更多的关于怪球面上具有特殊曲率性质的度量的研究可参考文献 [28].

8.4 怪球面上的等参函数

本节讲述怪球面上等参函数的存在性问题, 也会考虑等参结构和其他几何结构的联系.

鉴于单位球面中等参理论的深刻性, 以及王启明关于一般黎曼流形中等参理论的奠基性工作, 葛建全和唐梓洲[29] 开启了怪球面上等参函数的研究. 首先, 他们推进了王启明对于一般黎曼流形上的等参理论的基础性工作. 利用等参函数 (甚至是超常函数) 去理解 4 维同伦球面的怪异结构, 他们得到如下定理:

定理 4.1 [29] *假设 Σ^4 是 4 维同伦球面, 并且它上存在黎曼度量和超常函数. 则 Σ^4 一定微分同胚于 $\mathbb{S}^4$.*

根据注记 3.2, 我们知道 4 维同伦球面一定同胚于 $\mathbb{S}^4$. 故而上述定理等价于说, 任何 4 维怪球面 (如果存在的话) 上都不存在超常函数. 这是对 4 维光滑 Poincaré 猜想的贡献.

值得一提的是, 在文献 [29] 的基础上, 葛建全和 M. Radeschi 合作考虑了一般的单连通的闭 4 维流形上的等参理论 (甚至是奇异黎曼叶状结构), 并得到以下的结果.

定理 4.2[49] 设 N 是一个单连通的闭 4 维黎曼流形.

(1) 若 N 上存在余 1 维的奇异黎曼叶状结构, 则 N 一定微分同胚于如下 5 个标准流形之一: $\mathbb{S}^4$, $\mathbb{C}P^2$, $\mathbb{S}^2\times\mathbb{S}^2$, 或者 $\mathbb{C}P^2\#\pm\mathbb{C}P^2$.

(2) 若 N 上存在余维大于 1 的奇异黎曼叶状结构, 则 N 一定微分同胚于如下 3 个标准流形的若干连通和: $\mathbb{S}^4$, $\mathbb{C}P^2$ 以及 $\mathbb{S}^2\times\mathbb{S}^2$.

为了更好地解释定理 4.2, 我们简要地回忆一些基本定义 (参考文献 [50]). 给定黎曼流形 N 上的一个超常系统 (transnormal system) $\mathcal{F}$ 是指 N 可以划分成一些连通的单浸入的子流形, 并且满足从任何一个子流形出发的任何一条法测地线一定垂直于和此法测地线相交的任何一个子流形. 上述的子流形称为 $\mathcal{F}$ 的叶子 (leaf). 进一步, 一个奇异黎曼叶状结构 (singular Riemannian foliation, SRF) 是一个超常系统 $\mathcal{F}$, 同时也是一个奇异叶状结构 (singular foliation), 即对任何点 $p\in N$ 和通过 p 点的叶子 L_p, 都存在 N 上的一些光滑向量场 X_i, 使得 $T_pL_p=\text{Span}\{X_i\}$. 维数最高的叶子称为正则叶子 (regular leaf), 并且它的余维数定义成 $\mathcal{F}$ 的余维数. 其他的叶子称为奇异叶子 (singular leaf). 特别地, 对于一个余 1 维的奇异黎曼叶状结构 $\mathcal{F}$, 若任何正则叶子都具有常平均曲率, 则称为等参叶状结构 (isoparametric foliation). 其中的每一个正则叶子称为等参超曲面, 同时奇异叶子称为焦流形, 根据文献 [17] 可知, 本质上超常函数 (等参函数) 与余 1 维超常系统 (等参叶状结构) 是一一对应的. 黎曼流形上等距子群作用的所有轨道构成一个奇异黎曼叶状结构, 即齐性奇异黎曼叶状结构. 特别地, 余齐性 1 作用的所有轨道构成一个特殊的奇异黎曼叶状结构, 同时也是等参叶状结构, 即所谓的齐性等参叶状结构. 对于 4 维流形的齐性奇异黎曼叶状结构, 已有很多研究. 定理 4.2 给出了具有奇异黎曼叶状结构的单连通闭 4 维流形的分类, 推进了现有文献中所有关于群作用情形的结果. 有趣的是, 在定理 4.2 的证明中, 发现了 3 个非齐性的余 1 维奇异黎曼叶状结构的例子, 丰富了余齐性 1 作用的情形.

对于高维怪球面, 文献 [29] 在 Gromoll-Meyer 怪球面上构造出了合适的黎曼度量和一个以两个点作为焦点集的超常函数, 但此函数并不是等参的. 这个结果也可以和定理 2.4 作比较, 单位球面上的超常函数一定等参, 这也体现出了怪球面和标准球面的不同. 在这些结果的基础上, 文献 [29] 提出了如下问题:

问题 4.3 是否任何怪球面 $\Sigma^n(n>4)$ 上都存在以两个点作为焦集的等参函数?

作为定理 2.8 的推论, 文献 [18] 得到了如下结果:

定理 4.4 [18] 对于 $n \geqslant 5$, 任何 n 维同伦球面 Σ^n 上都存在以两点作为焦集的等参函数.

下面我们将在怪球面上构造更多的等参函数, 使得焦集至少有一个分支不是单点. 根据文献 [30], 我们有如下构造流形的办法: 设 $g:\mathbb{S}^m\times\mathbb{S}^n\to\mathbb{S}^m\times\mathbb{S}^n$ 是一个保持定向的微分同胚, 由此可以构造一个闭流形 $M^{m+n+1}(g):=\mathbb{R}^{m+1}\times\mathbb{S}^n\sqcup\mathbb{S}^m\times\mathbb{R}^{n+1}/\sim$. 其中对于任何 $(x',y')=g(x,y)$, $x\in\mathbb{S}^m$, $y\in\mathbb{S}^n$ 和 $t\in(0,+\infty)$, 有 $(tx,y)\sim\left(x',\dfrac{1}{t}y'\right)$.

命题 4.1 [18] 定义 $M^{m+n+1}(g)$ 上的光滑函数 f, 使得 $f:\mathbb{R}^{m+1}\times\mathbb{S}^n\to\mathbb{R},(X,y)\mapsto\dfrac{|X|^2}{1+|X|^2}$ 和 $f:\mathbb{S}^m\times\mathbb{R}^{n+1}\to\mathbb{R},(x,Y)\mapsto\dfrac{1}{1+|Y|^2}$. 则 f 一定是 Morse-Bott 函数, 并且临界点集为 $C(f)=\{0\}\times\mathbb{S}^n\sqcup\mathbb{S}^m\times\{0\}$. 更进一步, $M^{m+n+1}(g)$ 上存在等参函数, 并且焦集微分同胚于 $\mathbb{S}^m\sqcup\mathbb{S}^n$.

利用此命题, 可以在怪球面上构造更多等参函数, 举例如下:

例 4.1 [18] 任何 7 维同伦球面 Σ^7 上都存在黎曼度量和等参函数, 使得焦集微分同胚于 $\mathbb{S}^3\sqcup\mathbb{S}^3$.

例 4.2 [18] 对于 $m>0$, 任何 Kervaire 球面 Σ^{4m+1} 上都存在黎曼度量和等参函数, 使得焦集微分同胚于 $\mathbb{S}^{2m}\sqcup\mathbb{S}^{2m}$.

另外, 我们还可以在偶数维同伦球面 Σ^{2n}, 以及不在 bP_{2n+2} 中的奇数维同伦球面 Σ^{2n+1} 上构造更多的例子.

例 4.3 [18] (1) 任何 8 维同伦球面上都存在焦集微分同胚于 $\mathbb{S}^3\sqcup\mathbb{S}^4$ 的等参函数;

(2) 子群 $2\Theta_{10}$ 中的任何同伦球面上都存在焦集微分同胚于 $\mathbb{S}^3\sqcup\mathbb{S}^6$ 的等参函数;

(3) 存在同伦球面 Σ^{15}, 它不在 bP_{16} 中, 但允许焦集微分同胚于 $\mathbb{S}^{11}\sqcup\mathbb{S}^3$ 的等参函数.

注记 4.1 根据 E. Straume[31] 对同伦球面上余齐性 1 作用的分类结果, 除了标准球面上的余齐性 1 作用, 只有怪异的 Kervaire 球面上存在余齐性 1 作用, 而等参函数可以看成余齐性 1 作用在几何上的推广, 我们的构造给出了怪球面上很多等参函数的例子.

下面我们将考虑 Eells-Kuiper 投影平面. 若一个闭流形 M^n 上存在正好具有 3 个临界点的 Morse 函数, 则称此流形为 Eells-Kuiper 投影平面[32]. 可以证明此时的维数 $n=2,4,8$ 或 16. 这些流形是标准的投影平面 $\mathbb{R}P^2,\mathbb{C}P^2,\mathbb{H}P^2$ 和 CaP^2 的推广.

命题 4.2 [18] 对于 $m=4$ 或 8, 任何 Eells-Kuiper 投影平面 M^{2m} 上一定存在

等参函数, 使得焦集的一个分支是单点, 另一分支微分同胚于 $\mathbb{S}^m$.

注记 4.2 对于 $m=2$, 未能得到类似的存在性结果, 很可能是因为我们没有研究清楚是否存在 4 维怪球面.

前面已经看到, 我们可以在怪球面上构造了大量等参函数. 现在我们希望进一步研究怪球面上等参函数的正则水平集的外在几何性质.

命题 4.3 [18] 设 Σ^n 是同伦球面, 并且在它上面存在黎曼度量和以两点作为焦集的等参函数. 若进一步假设所有的正则水平超曲面都是全脐的, 则 Σ^n 一定微分同胚于 $\mathbb{S}^n$.

命题 4.3 说明怪球面上的等参函数的正则水平超曲面不能有太强的外在几何性质, 这也从几何的角度显示出了怪球面和标准球面的不同.

更进一步, 对于奇数维的情形, 有如下结果:

定理 4.5 [18] 任何奇数维怪球面上都不存在焦集是两个点的全等参函数.

一个等参函数被称为全等参函数, 如果每一个正则水平超曲面都具有常主曲率[33]. 众所周知, 单位球面上的等参函数一定是全等参的.

注记 4.3 根据文献 [31] 和 [34], 任何怪的 Kervaire 球面 Σ^{4m+1} 上都存在余齐性 1 作用, 进而相对于任何一个等变的度量, 在它上面存在全等参函数. 但是, 焦集的每一个分支不是单点, 而是子流形. 从而可以看到, 上述定理中关于焦集的假设是本质的.

针对奇数维的结果, 很自然会提出如下问题:

问题 4.6 [18] 偶数维同伦球面 $\Sigma^{2n}(n>2)$ 上存在以两点作为焦集的全等参函数吗?

作为本节的结尾, 我们来考虑等参结构和 SC^p-性质的联系. 设 (M,g) 是黎曼流形, 而 p 是 M 中的一点. 若从 p 点出发的所有测地线都是闭的, 且长度都相等, 则称 (M,g) 在 $p\in M$ 处满足 SC^p-**性质**.

先来看看偶数维的情形.

定理 4.7 [18] 给定 $2\Theta_{2n}(n\geqslant 3)$ 中的任何同伦球面 Σ^{2n}. 则存在 Σ^{2n} 上的黎曼度量, 使得它在两个点处满足 SC^p-性质, 记为 m_+ 和 m_-. 更进一步, 在相同的黎曼度量下, 存在 Σ^{2n} 上的等参函数使得焦集 $C(f)=\{m_+,m_-\}$.

注记 4.4 (1) 定理 4.7 的第一部分内容正是 Bérard-Bergery 的结果 (被称为 “a beautiful result”)[35,36]. 第二部分表明每一个以点 m_+ 和 m_- 为中心的测地球都具有常平均曲率. 等价的说法是, Σ^{2n} 在点 m_+ 和 m_- 处分别局部调和.

(2) 作为定理 4.7 的简单例子, 至少存在一个 10 维怪球面同时满足这些性质.

下面我们看看奇数维的情况.

定理 4.8[18] 设 (Σ^7,g) 是具有黎曼度量 g 的 7 维同伦球面, 并且它上存在焦

集为 $C(f)=\{m_+,m_-\}$ 的超常函数 f. 若进一步假设 (Σ^7,g) 在点 m_+ 或 m_- 处满足 SC^p-性质, 则 Σ^7 一定微分同胚于 S^7 或者 $\Sigma^7=[14]\in\Theta_7=\mathbb{Z}_{28}$.

注记 4.5　参考文献 [18], 在 15 维同伦球面上也有类似的结果.

最近, 唐梓洲和张伟平[37] 解决了 Bérard-Bergery[35] 和 Besse[36] 提出的公开问题. 事实上, 文献 [37] 证明了任何 Eells-Kuiper 四元数投影平面上一定存在在某点处满足 SC^p- 性质的黎曼度量. 其证明用到了 η- 不变量. 鉴于此结果, 我们以如下问题结束本节.

问题 4.9　是否任何 Eells-Kuiper 四元数投影平面 M^8 都存在适当的黎曼度量, 使得 M^8 上不仅存在焦集微分同胚于 $\mathbb{S}^4\bigsqcup\{p\}$ 的等参函数, 而且 M^8 在 p 点处满足 SC^p-性质?

8.5　等参函数的应用以及相关课题

本节中, 我们将综述近些年来与等参理论相关的研究课题和等参函数的应用[38].

1. 彭家贵和唐梓洲[39] 利用单位球面上等参多项式的梯度映射构造出了球面之间的一些新的调和映照, 并计算了拓扑映射度, 回答了 Eells 和 Lemaire 的一个公开问题.

2. 马辉和 Y. Ohnita[40,41] 利用球面中等参超曲面的 Gauss 映射构造了复二次超曲面中的极小拉格朗日子流形, 并研究了其中齐性等参超曲面的 Gauss 映射像的哈密顿稳定性.

3. 葛建全和谢余铨[42] 利用单位球面上的等参多项式构造了 Brézis 问题更多的反例.

4. 受 Schoen-Yau-Gromov-Lawson 手术理论启发, 唐梓洲、谢余铨和彦文娇[43] 研究了从单位球面中等参超曲面出发构造的双倍流形 (double manifold) 的性质. 事实上, 他们在双倍流形上构造出了具有正数量曲率的黎曼度量, 同时还保持等参结构. 进一步, 他们研究了双倍流形的拓扑.

5. R. Miyaoka[44] 建立了等参多项式和矩映射 (moment map) 的联系.

6. 丘成桐有一个著名的猜想说: 单位球面中的闭的极小超曲面的第一特征值等于它的维数. 这个猜想即使对于二维曲面, 也只解决了亏格为 0 或 1 的情形. 对于亏格为 1 的曲面即环面的情形, Yau 猜想等价于所谓的 Lawson 猜想. 而最近 Brendle 对 Lawson 猜想的解决被公认为近年微分几何的最重要进展之一. 唐梓洲和彦文娇[45] 证明了极小等参情形的 Yau 猜想, 即单位球面中的极小等参超曲面的第一特征值等于超曲面本身的维数. 最近, 唐梓洲、谢余铨和彦文娇[46] 对于 Yau 猜想又有新的进展.

7. 钱超、唐梓洲和彦文娇[47,48] 深入地研究了单位球面中具有 4 个不同主曲率的等参超曲面的焦流形的性质, 证明了它们是单位球面中的 Willmore 子流形, 从而构造出一大批 Willmore 子流形的新例子.

由于个人兴趣和研究的影响, 我们提到了以上一些研究方向, 还有很多相关研究没有涉及. 在提及的这些课题中还有很多有趣的问题等待进一步研究. 希望感兴趣的读者能进入等参的领域, 去发现等参与其他更多研究领域的联系. 我们以图 2 作为结束.

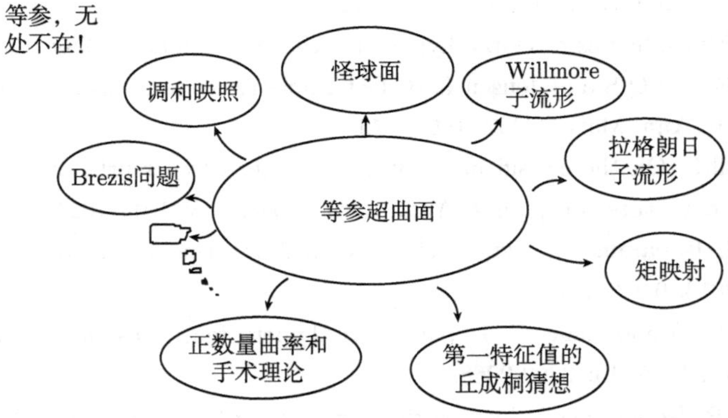

图 2

致谢 感谢彭家贵教授对本文提出的有益的意见. 席南华院士耐心地通读了全文, 提出了许多宝贵的意见, 在此表示感谢.

参考文献

[1] Cecil T E and Ryan P T. Tight and taut immersions of manifolds. Research Notes in Math., 107, London: Pitman, 1985.

[2] Nomizu K. Some results in E. Cartan's theory of isoparametric families of hypersurfaces. Bull. AMS, 1973, 79: 1184-1188.

[3] Takagi R and Takahashi T. On the principal curvatures of homogeneous hypersurfaces in a phere. Differential Geometry in honor of K. Yano, Kinokuniya, Tokyo,1972: 469-481.

[4] Münzner H F. Isoparametric hyperflächen in sphären, I and II. Math. Ann., 1980, 251: 57-71 and 1981, 256: 215-232.

[5] Ozeki H. and Takeuchi M. On some types of isoparametric hypersurface in spheres I and II. Tohoku Math. J., 1975, 27: 515-559 and 1976, 28: 7-55.

[6] Ferus D, Karcher H. and Münzner H F. Cliffordalgebren und neue isoparametrische Hyperflächen. Math. Z., 1981, 177: 479-502.

[7] Abresch U. Isoparametric hypersurfaces with four or six distinct principal curvatures. Math. Ann., 1983, 264: 283-302.

[8] Grove K and Halperin S. Dupin hypersurfaces, group actions and the double mapping cylinder. J. Diff. Geom., 1987, 26: 371-536.

[9] Tang Z Z. Isoparametric hypersurfaces with four distinct principal curvatures. Chinese Sci. Bull., 1991, 36: 1237-1240.

[10] Fang F Q. On the topology of isoparametric hypersurfaces with four distinct principal curvatures. Proc. AMS, 1999, 127: 259-264.

[11] Stolz S. Multiplicities of Dupin hypersurfaces. Invent. math., 1999, 138: 253-279.

[12] Cecil T E, Chi Q S and Jensen G R. Isoparametric hypersurfaces with four principal curvatures. Ann. Math., 2007, 166: 1-76.

[13] Immervoll S. On the classification of isoparametric hypersurfaces with four distinct principal curvatures in spheres. Ann. Math., 2008, 168: 1011-1024.

[14] Chi Q S. Isoparametric hypersurfaces with four principal curvatures, III. J. Diff. Geom., 2013, 94: 367-540.

[15] Dorfmeister J and Neher E. Isoparametric hyperurfaces, case $g = 6$, $m = 1$. Comm. in Algebra, 1985, 13: 2299-2368.

[16] Miyaoka R. Isoparametric hypersurfaces with $(g, m) = (6, 2)$. Ann. Math., 2013, 177: 53-110.

[17] Wang Q M. Isoparametric functions on Riemannian manifolds. I. Math. Ann., 1987, 277: 639-646.

[18] Qian C and Tang Z Z. Isoparametric functions on exotic spheres. Adv.Math., 2015, 272: 611-629.

[19] Moser J. On the volume elements on a manifold. Trans. AMS, 1965, 120: 286-294.

[20] Dacorogna B and Moser J. On a partial differential equation involving the Jacobian determinant. Ann. de l'I. H. P., 1990, 7: 1-26.

[21] Milnor J. On manifolds homeomorphic to the 7-sphere. Ann. Math., 1956, 64: 399-405.

[22] Eells J and Kuiper N H. An invariant for certain smooth manifolds. Ann. Mat. Pura Appl., 1962, 60: 93-110.

[23] Kervaire M A and Milnor J. Group of homotopy spheres: I. Ann. Math., 1963, 77: 504-537.

[24] Brieskorn E. Beispiele zur Differentialtopologie von Singularitäten. Invent. math., 1966, 2: 1-14.

[25] Boyer C P, Galicki K and Kollár J. Einstein metrics on spheres. Ann. Math., 2005, 162: 557-580.

[26] Gromoll D and Meyer W. An exotic sphere with nonnegative sectional curvature. Ann.

Math., 1974, 100: 401-406.

[27] Grove K and Ziller W. Curvature and Symmetry of Milnor Spheres. Ann. Math., 2000, 152: 331-367.

[28] Joachim M and Wraith D J. Exotic spheres and curvature. Bull. AMS, 2008, 45(4): 595-616.

[29] Ge J Q and Tang Z Z. Isoparametric functions and exotic spheres. J. reine angew. Math., 2013, 683: 161-180.

[30] Milnor J. Differential structures on spheres. Amer. J. Math., 1959, 81: 962-972.

[31] Straume E. Compact connected Lie transformation groups on spheres with low cohomogeneity I. Mem. AMS, 1996, 119(569).

[32] Eells J and Kuiper N H. Manifolds which are like projective planes. Pub. Math. IHES, 1962, 14: 5-46.

[33] Ge J Q, Tang Z Z and Yan W J. A filtration for isoparametric hypersurfaces in Riemannian manifolds. J. Math. Soc. Japan, 2015, 67: 1-34.

[34] Hsiang W C and Hsiang W Y. On compact subgroups of the diffeomorphism groups of Kervaire spheres. Ann. Math., 1967, 85: 359-369.

[35] Bérard-Bergery L. Quelques exemples de variétés riemanniennes où toutes les géodésiques issues dun point sont fermées et de même longueur suivis de quelques résultats sur leur topologie. Ann. Inst. Fourier, 1977, 27: 231-249.

[36] Besse A L. Manifolds all of whose geodesics are closed. with appendices by Epstein D B A, Bourguignon J.-P., Bérard-Bergery L, Berger M and Kazdan J L. Ergeb. Math. Grenzgeb. Vol. 93. Berlin: Springer, 1978.

[37] Tang Z Z and Zhang W P. η-invariant and a problem of Bérard-Bergery on existence of closed geodesics. Adv. Math., 2014, 254: 41-48.

[38] Qian C and Tang Z Z. Recent progress in isoparametric functions and isoparametric hypersurfaces, in "ICM 2014 Satellite Conference on Real and Complex Submanifolds". Springer Proceedings in Mathematics.

[39] Peng C K and Tang Z Z. The Brouwer degrees of isoparmetric maps between spheres. Sci. China, 1996, 39: 1131-1139.

[40] Ma H and Ohnita Y. On Lagrangian submanifolds in complex hyperquaadrics and isoparametric hypersurfaces in spheres. Math. Z., 2009, 261: 749-785.

[41] Ma H and Ohnita Y. Hamiltonian stability of the Gauss images of homogeneous isoparametric hypersurfaces. J. Diff. Geom., 2014, 97: 275-348.

[42] Ge J Q and Xie Y Q. Gradient map of isoparametric polynomial and its application to Ginzburg-Landau system. J. Func. Anal., 2010, 258: 1682-1691.

[43] Tang Z Z, Xie Y Q and Yan W J. Schoen-Yau-Gromov-Lawson theory and isoparametric foliations. Comm. Anal. Geom., 2012, 20: 989-1018.

[44] Miyaoka R. Moment maps of the spin action and the Cartan-Münzner polynomial of

degree four. Math. Ann., 2013, 335: 1067-1084.

[45] Tang Z Z and Yan W J. Isoparametric foliation and Yau conjecture on the first eigenvalue. J. Diff. Geom., 2013, 94: 521-540.

[46] Tang Z Z, Xie Y Q and Yan W J. Isoparametric foliation and Yau conjecture on the first eigenvalue, II. J. Func. Anal., 2014, 266: 6174-6199.

[47] Tang Z Z and Yan W J. New examples of Willmore submanifolds in the unit spheres via isoparametric functions. Ann. Glob. Anal. Geom., 2012, 42: 403-410.

[48] Qian C, Tang Z Z and Yan W J. New examples of Willmore submanifolds in the unit spheres via isoparametric functions, II. Ann. Glob. Anal. Geom., 2013, 43: 47-62.

[49] Ge J Q and Radeschi M. Differentiable classification of 4-manifolds with singular Riemannian foliations. Math. Ann. DOI 10.1007/s00208-015-1172-5.

[50] Thorbergsson G. Singular Riemannian foliations and isoparametric submanifolds. Milan J. Math., 2010, 78: 355-370.